SeaEagle

SeaEagle

上智者御心，
下智者御力！

最偉大的征服者，
不是殺人如麻的暴君，
而是收服人心的聖者。

度心術

權與謀的極致

王侯將相，豪傑聖賢，不可勝數，
苟其事之有成，無一不出於度心之術
最聰明的人總是知道自己身在何處，
最聰明的人總是知道度心攻心之術。

「人貓」李義府 著　甘泉 編譯

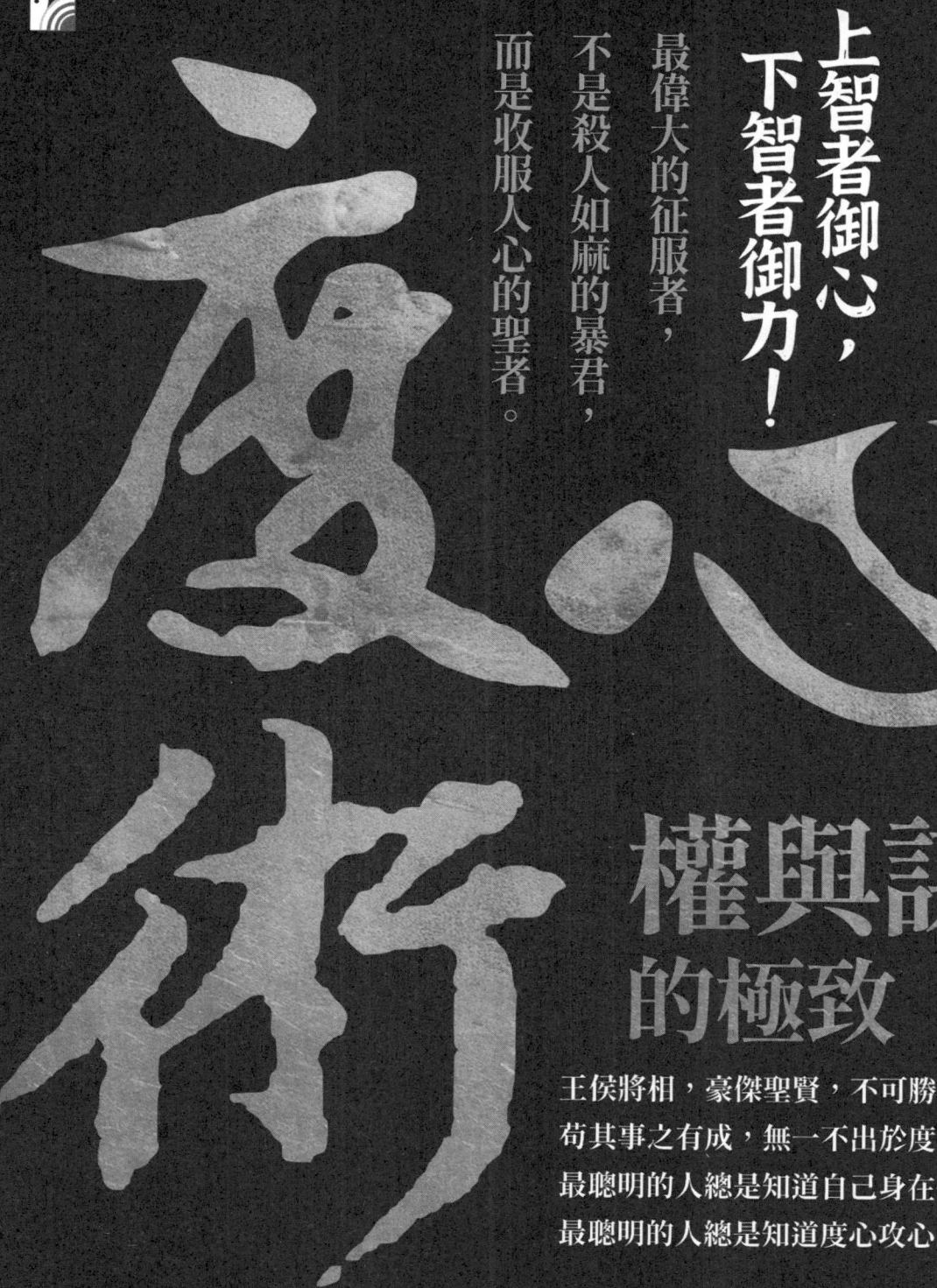

序言

對人的管理也好，與人的交往也罷，致勝的關鍵是人與人之間的認識與瞭解，進而相互合作。如果能瞭解洞察他人的心思，將為你帶來許多有價值的資訊。透過這些資訊，進一步掌控他人的想法，你將會如同先知般的從容進退，成為真正的智者！

這種對人心的揣測與掌控，即本書所謂的「度心」。

現代企業的管理與現代社會的交際，追根究底就是與人的交往。

瞭解一個人的前提，是對其心思非常全面、透徹地分析，也就是「度心」的過程。**這個過程正符合李義府的「謀術」之道——洞悉人心最深處的奧秘**，在每一處細微的細節上，恰到好處的施加影響，進而最終掌控整個事態的發展，達到自己的目的。

然而，在現實生活中，不同的人，想法千差萬別，即使是同一個人，行動也會隨時間、地點、所處境遇等因素的變化而變化。正所謂人心難測，故古人云：「知人知面難知心，畫虎畫皮難畫骨。」無形中，這就為揣測對方下一步的行動，增加難度，成為許多朋友在生活與工作中深感頭痛的問題。

為此，我們以李義府所著的《度心術》為主線，從現代人的視角，對讀人、識人、辨人、閱人等方面的觀點，用白話文重新進行釋評。

本書分為十章，綜合全面地對「度心術」各方面的要點分別進行介紹，選用大量國內外的有趣案例，從古至今，不一而足，全面詮釋《度心術》的主要觀點。除此之外，在某些章節中間，還穿插「度心大師」李義府一生過程中的人生起伏，以便使讀者更深入的瞭解「度心術」在實際運用中的得失利弊。

儘管本書是一本以「揣測人心」為主要方法的談管理、話權謀的讀物，但重點不是教你如何使詐害人，更不是教你不擇手段。

確切地說，在人際社會中，無論是生活還是工作，衝突和鬥爭都無處不在，提高自身的能力與智慧、加強學習和思考，總是有益無害的，本書的立足點正在於此。你既可以把本書當成是管理類教材，對其中的細節進行剖析與研討；也可以把本書當成是一本用於消遣的興趣讀物，在茶餘飯後，品味自己感興趣的內容。

本書的另一個重點，是把度心術中的權謀策略，以一種務實致用的態度與現代企業管理科學相結合，相互補充和完善。在以西方管理學為基礎的企業運作中，加入中國古人的鬥爭智慧與處世哲學，形成獨特而富於內涵的管理藝術，有助於管理者奠定企業發展的思想基調和文化基礎，制定高效而實用的管理方法。

同時，也可以幫助你更好地處理與身邊人們的關係，有益於在從事管理工作的過程中，得到更多的支援和理解。

本書引據論據，多方涉獵，注重社會時效，富有極強的資訊性和時尚感。希望本書能帶給廣大讀者有益的啟示，為你的生活與工作帶來意想不到的成功與收穫！

目錄

第九章：警心術

第十章：誅心術

後記

第一章：度心術

樹立權威

如何樹立權威這個問題，不是每個人都會遇到。如果你現在正面臨這樣的問題，首先恭喜你，你已經佔據一個較高的位置，俯看周圍的人；但是同時，我也必須提醒你，樹立權威不如想像中的容易。權威之所以沒有被尊重，是因為你的下屬沒有真正察覺到你的存在，換言之，你必須讓他們知道一點：你強過他們！

【原文】

吏者，能也，治之非易焉。

【譯文】

朝廷的官員，都有一定的才能，管理好他們不是一件容易的事。

【原文釋評】

不論是什麼性質的機構，居於領導職位的人，大多有真才實學，或是擁有與眾不同的「竅門」。所以，作為機構的管理者，面對這些人，必須要以慎重的態度與之應付。如果僅僅把他們當成是能力低下、沒有思維的人，生硬指揮，方式簡單粗暴、只要求他們唯命是從，這種毫無思想接觸的管理模式，只會讓你吃盡苦頭，而且整個機構也將人事凋弊，失去生機。長此以往，不僅人事管理效率低下，同時人心也將懈怠、渙散，離企業滅亡之日也將不遠矣。

無論是大到國家，還是小到寥寥數人的公司，真正確實有效的管理，首先都是從管理「官員」開始的，只有好的「吏治」，才能有好的人事局面。因此，毫不誇張地說，「吏治」是管理的頭等大事。

【案例解析】

P&G新上任CEO燒三把火

中國有一句俗話：「新官上任三把火」，P&G公司是位列世界五百大的大型企業，其CEO亞倫・喬治・拉弗雷（Alan George Lafley）上任後，也燒了三把火，把P&G公司的生意越燒越旺。

或許，有人會說，作為經營多年的世界型大企業，P&G公司的經營、管理模式已經相當成熟、完善。如果新到任的CEO按照以往的經營管理模式穩妥的走下去，則無需費太多精力，就能功成名就。

然而，拉弗雷不願意因循守舊，而是在產品生產、銷售、人事管理等方面燒起了三把火。這場震動之後，P＆G的經營狀況果然大為好轉。二〇〇五年一月二十八日，P＆G更是以五百七十億美元的大手筆將吉列收入囊中，頓時，整個業界為之震驚，這位溫文爾雅的CEO也因此成為眾人矚目的焦點。

拉弗雷到底燒了哪三把火呢？

第一把火：改變產品生產模式，將好鋼用在刀刃上。

拉弗雷認為，生產部門不應該「眉毛鬍子一把抓」，每一種產品都涉足的結果，只能收益甚微。他上任之後，首先把公司最悠久的塊狀肥皀製造業務發包給加拿大一家製造商；接著，將資訊技術業務轉交給惠普公司。業務發包、轉交後，多餘的員工又「外包」給性質相似的企業。

在這一連串的動作之後，拉弗雷決定集中力量在成功品牌上下功夫。

二〇〇一年初，P＆G成功開發出名為「佳潔士」的電動牙刷，在市場同類產品中，獲得極大的成功。

第二把火：改善並且鞏固與零售商的關係。

在拉弗雷上任之前，公司曾經與零售商之間發生過一些不愉快的事情，比如進入零售商的產品易被盜、代理費難協調等。拉弗雷上任以後，主動與大型的零售商交好，比如與沃爾瑪結成戰略聯盟。

他認為，只有零售商才能「第一時間瞭解產品需求狀況」，如果不與零售商維持好關係，一切做的都是沒有用的。隨即，公司派出三百名員工專門負責向沃爾瑪供貨事宜，雖然他們專為沃爾瑪服務，但是員工薪酬仍由P&G負責。這些舉措實施之後，次年就見分曉：在五千一百家超市業務中，P&G創造九十二・五二億美元的銷售額。

第三把火：全面重建企業的文化。

第一，提出消費者的需求是公司產品研發的第一要務，倡導「顧客是老闆」這個經營理念。第二，拉弗雷一改過去上班必須西裝革履的做法，倡導穿開領襯衫。第三，撤銷公司高級管理人員集中辦公的場所，讓五個部門的負責人全部搬走，與同一部門員工在同一層樓辦公。第四，將長方形的會議桌改為更具平等意味的圓形桌。

透過以上的措施，拉弗雷的權力在公司得到鞏固，公司收益也大大增加，某些象徵性的改革措施，更使得拉弗雷受到全體員工的推崇和尊敬。

恩威並重

合理公正的獎懲，不但表現管理階層決斷的魄力，更能夠激發屬下的活力。恩威並施、賞罰分明，歷來是管理者常用的手段，而且效果顯著，屢試不爽。有的時候，一次「殺一儆百」，便會威震朝野，讓所有對你帶有懷疑之心的人改變看法！同時，也可以展現你的力量與意志，有助於權威的樹立！

但是，這樣的殺伐手段，切忌偏私亂用！否則稍有偏頗，就會事與願違，背離人心。

【原文】

仁者，鮮也，御之弗厚焉。

【譯文】

官吏中，品德高尚的人很少，因此治理官吏時不應該太寬厚仁慈。

【原文釋評】

機構的管理者常常會有這樣的經驗：管理部屬絲毫不能放任自流，一旦鬆懈，就容易出問題。古往今來，歷朝歷代都把「嚴治吏，寬待民」作為執政興國的方略。

之所以會有這樣的治吏方略，主要原因是因為那些身居官職的人，擁有特別的權勢，相對於普遍的民眾，往往不受一般規則的拘束。換言之，真正破壞社會制度的人，往往是那些對制度負有制定或維護責任的人。正是因為他們擁有超越規則的特權，所以大多數官員都不會自覺的遵章守紀。在與己有利的事情上，他們會睜一眼閉一眼，甚至明知故犯、欺上瞞下，搞得社會風氣極為惡劣。因此，在管理他們之時，必須嚴而有力。

【案例解析】

商鞅推行新政，恩威並重

商鞅從衛國來到秦國之後，得到秦孝公重用，成為秦國具有實權的左庶長。為了讓秦國富強起來，成為真正的大國，商鞅制定並推廣一整套全新的法令，鼓勵農耕與作戰。

然而，商鞅新法的推行，不但受到秦國權貴們的反對與阻撓，同時，也被秦國的民眾質疑，他們對商鞅新法的內容將信將疑。

為了讓自己的新政能夠順利地推廣，博取眾人的信任，商鞅決定利用嚴格公正的賞罰制度樹立威信！

商鞅想出一個辦法，他命人在都城的南門豎起一根三丈來長的木頭，並且在城牆張貼告示：「如果有人願意把這根木頭扛到北門，就賞他十金。」一開始，圍觀的人雖然很多，卻沒有人願意出來扛木頭，大家心裡很迷惑：「這件事如此簡單，為什麼會賞那麼多錢呢？是不是商鞅在戲弄我們？」結果，一直都沒有人去扛。

見到無人應賞，商鞅隨即把獎賞提高到五十金，這就讓民眾更加困惑了。

面對五十金的重賞，終於，有人心動了。一個男人站出來，把這根木頭扛到都城北門。商鞅當場兌現獎金，並且誇獎那個男人是秦國的好子民！

這件事情很快就在秦國傳開，極大的刺激了百姓，大家都說：「新任左庶長說話算數，他的法令不是兒戲。」如此一來，秦國的百姓都願意積極遵守新法。

新法令規定，增產多的家庭，可以免除一家的勞役，因此老百姓都一心務農。他們積極種田織布，生產得到很大發展，人民的生活也有所改善；新法令還規定，只要將士殺敵立功就可以升官晉級，使每個人都英勇作戰。

那些既不從事耕作，也不參加戰鬥的貴族們，紛紛表示反對新法。於是，商鞅在獎賞的同時，還有嚴格的懲罰手段。他先後罷免許多反對新法的官員，連太子和太子的老師都被他治罪。

經過一番整頓之後，官員被商鞅的法令所震懾，朝野上下大為震驚。從此，再也沒有人敢出面反對商鞅的新法。秦國也在商鞅的變法改革之中，逐漸成為一個強大的國家。

【原文】

志大不朝，欲寡春野。

【譯文】

志向高遠的人往往不會入朝為官，清心寡欲的人往往留戀世間恬淡的生活。

【原文釋評】

世上的人分為很多種，不是所有的人都喜歡高官顯位、香車美女。作為一名合格的管理者，不能一味的用利益誘惑對方，用諸如「成績卓越者，可以獲得什麼樣的晉升」、「獎金將按業績分配」之類的言語去刺激屬下。

對於貪戀人間煙火的人，給予鼓勵並兌現承諾，可以推動工作前進，收到事半功倍的效果。但是，如果一味用職位、金錢來進行激勵，就顯得粗糙乏味。自己喜歡的東西，不要理所當然地認為對方也喜歡。在激勵之時應該有所側重，因人而異。

【原文】

才高不羈，德薄善詐。

【譯文】

有才能的人不喜歡受到約束，品德低下的人喜歡欺詐。

【原文】

民之所畏，吏無懼矣。

【譯文】

老百姓不敢做的那些事，官吏們都不會害怕。

【原文釋評】

不同的人，其才德、性情、經歷也各不相同，在具體的管理中應該有針對性地發揮他們的特長。為了調動有才幹的人，並將他們的才能發揮到極致，在不違背自己底線與原則的情況之下，可以給予特殊的照顧。尤其是核心人才的競爭相當激烈，要留住人才並為己所用，除了給予一定的物質獎賞以外，還應該營造出一個輕鬆的工作環境，讓他們一心一意地工作。

任何公司都可能有一兩個愛鑽營、拉幫結派的人，為了防止他們給公司造成不必要的損失，應對他們提高警惕，剷除形成氣候的條件，而對他們「威」的懾服手段更是不能少。

【案例解析】

功成名就，是許多人的夢想。但是擁有相同夢想的人，卻並非都是同一類型的人。事實上，每個人的處世原則都各不相同，如果要駕馭他們，就必須尊重他們的底線。

年輕時代的李白，滿懷壯志，曾高誦「仰天大笑出門去，我輩豈是蓬蒿人。」抒發自己的志向。他來到長安，希望面見天子，得到重用，進而一展抱負。然而，李白的仕途並非他想像中那麼平坦。儘管李白曾經與唐玄宗有過接觸，以其出色的才華，一度博得皇帝的青睞，但是李白天生傲然的風骨，使得自己無法向當權者們卑躬屈膝，他很難在官場中長久的立足。因為與權貴不和，李白倍受冷落，最後，他不得不黯然離開長安。

臨走之前，唐玄宗賜給他一大筆黃金，然而，這不能使李白覺得開心。李白極具才情，他對於黃金白銀的興趣不大。李白的宏偉夢想是治國平天下！只是，殘酷的現實卻沒有給他施展才華的機會。盛唐的朝廷，就這樣白白流失一位優秀人才。

李白在一首詩中寫道：「安能摧眉折腰事權貴，使我不得開心顏。」

從這裡，李白已經透露出自己的志向。他最希望得到的不是高位與金銀，而是足夠的尊重與愛惜。

由此可見，許多真正了不起的人才，往往是自負和驕傲的，非金錢、美女這類利益所能引誘。

選人用人

識人難，選人難，用人更難。

瞭解部屬的意願，主要取決於領導者的態度、膽識和判斷能力。因此，領導者個人的主觀產生非常重要的作用，結果與願望之間，往往會出現少許的偏差。

為了避免在瞭解部屬的過程當中，可能出現的主觀片面性，作為領導者，應該運用現代科學理論，建立一套科學合理的選人、用人標準，方法和步驟，這是事業興旺的重要保證。

【原文】

狡吏恃智，其勇必缺，迫之可也。

【譯文】

狡猾的官員自恃聰明過人，但必定缺乏勇氣，用武力威脅就能讓他就範。

【原文釋評】

聰明和勇氣是同一事物的兩個對立面，非此即彼。狡猾的人，聰明有餘，勇氣不足。管理者對其下屬，應該有意識的對他們進行甄別，分析各自的能力、性格，將他們安排到適合的位置上，做到人盡其才。否則，一旦用錯人，往往會給自己的事業造成無可挽回的損失。決策者在選人、用人之時，應慎之又慎。

【原文】

悍吏少謀，其行多疏，挾之可也。

【譯文】

心狠手辣的官員缺乏謀略，做事多出紕漏，用手中的把柄要脅他，可使他屈服。

【原文釋評】

作為管理者，在決策付諸實施以前，尤其是對於一些關係到公司生死存亡的重大決策，應該盡可能地謀劃周全。具體操作時，制定多個可供選擇的方案，一個失敗了，還有第二個、第三個……

對於做事易出紕漏的人，管理者應全面分析問題的癥結所在。只有查出問題，才能儘快的督促他限期改正錯誤，杜絕同樣的錯誤多次發生。即使對平時工作中很少犯錯的人，也可以用他人的教訓、事例提醒他，才不至於在工作中犯錯。

【案例解析】

美國奇異公司選拔第八任接班人

美國奇異公司從一八九二年成立以來，生意一年比一年好，箇中緣由雖然不能用一兩句話概括，但是，從奇異公司每一屆領導者選人、用人上來看，公司繁榮的原因，即可略知一二。

一九八八年，瓊斯被任命為美國奇異公司的總經理兼董事長。她是一位手段精明、眼光獨到、性格沉穩的領導人，深知人才對公司的重要性。因此，在她離卸任還有八年之際，便著手選拔接班人。

奇異公司的人才不計其數，加之競爭非常激烈，給選拔工作帶來一定的難度。不過，瓊斯沒有因此而裹足不前，反而按照自己的選才標準，正常的進行遴選。她的具體做法是：

一、不以論資排輩。在她檢查候選人名單時，發現一位極有才華、工作成績突出且有潛力的年輕人（傑克）沒在其中，她當即就讓人事部門將其補上。

二、給人才創造發揮才能的空間。經過三年的醞釀和思考以後，瓊斯確定了十一位候選人（包括傑克），並把他們安排到適當的位置上磨練，傑克被分派到公司總部任職。

三、設計出新穎的考核方式——飛機上交談。考核之前，不向考查對象透露將要考驗的問題，這樣做一是保密，二是考驗被考人的隨機應變能力。經過多次飛機考核，以及其後四年的不斷考察、磨練，瓊斯任用傑克的決心更加堅定。

在一次公司高層會議上，她向董事會提出任命傑克為下一任總經理。一經提出，就遭到公司高層的反對，理由不外是傑克太年輕、沒有聲望、沒有耐性。這些反對理由一一被瓊斯駁倒。經過其後幾年的不斷觀察與考核，一九九四年十一月，在一次人事評定會上，傑克被正式確定為瓊斯的接班人。

傑克上任之後，立即著手進行大刀闊斧的改革，制定出公司的發展戰略，將公司推上加速發展的快車道。由此看出，瓊斯的選人用人策略是正確的。

【原文】

廉吏固儆，其心繫名，譽之可也。

【譯文】

正直廉潔的官吏孤傲，他的心裡想的是名聲，讚譽他就能讓他滿足。

【原文釋評】

廉潔的人性情孤傲，常以古代聖賢為榜樣，不屑與勢利小人為伍。在機構中，這樣的人是難能可貴的，應該公開對他們進行表揚，並把他們安排在原則性強的職位上。

但是，這樣的人因為其堅定的人生原則，往往也會成為其他人針對的對象和攻擊的目標。作為管理者，你需要給予他堅強的支援，對他有所保護，否則他很可能在工作中無法發揮真正的實力。

【原文】

治吏治心，明主不棄背己之人也。

【譯文】

掌控官吏要掌控他們的內心，聖明的君主不會拋棄曾經背叛自己的人。

【原文釋評】

所謂治人治心，管理者應時時洞悉部屬的內心世界，做事的動因。只要是情有可原的想法，管理者應給予理解或支持。對於部屬的錯誤，甚至一些重大失誤，只要知錯即改，非屢次為之，管理者應以寬廣的胸襟原諒並且接納他。

【案例解析】

春秋時期，楚莊王於西元前六〇五年平息國內的叛亂，班師回朝。為了慶功，他在宮內為將士們舉行一場盛大的宴會。席間，莊王興致很高，下令群臣不醉不歸。酒宴一直持續到傍晚，大家仍持酒暢飲。這時，莊王下令侍衛們點燃蠟燭，繼續狂歡。為了給酒席增添歡悅氣氛，莊王還命令自己的愛妃許姬出來為群臣敬酒。

許姬長的十分漂亮，是出名的美人，正當她走下台階敬酒時，突然，刮起一陣大風，吹滅大廳裡的燭火。忽然，酒席上鑽出一個人，趁著天黑，放肆的拉住許姬的衣袖，想調戲她。許姬很生氣，但是她聰明的掙脫掉那個人的拉扯，沒有當場聲張，卻趁機扯斷他的帽纓。

回到莊王身邊以後，許姬請求莊王以此為證據，查出那人治罪。莊王聽後，卻不計較，並下令道：「今日宴會大家都要盡興痛飲，每個人都必須把自己帽纓都摘下來。」

等到大家都摘下自己的帽纓之後，莊王這才命人重新點燃蠟燭。

莊王的舉動讓許姬十分委屈。席後，許姬埋怨莊王不為她出氣。莊王卻笑道：「將士們大勝歸來，盡情歡樂，多飲幾杯，酒後失禮，這也有情可原。假如因為這樣的小事而誅殺功臣，以後還有誰願意為國效力，這必然會使愛國將士心寒，人民也不會再為國家盡責。」

後來，在與鄭國的作戰中，楚莊王被鄭國的伏兵圍困。在這個危急時刻，楚軍的一員名叫唐狡的副將，不顧生死，單人匹馬衝入重圍，拼死救出楚莊王。事後，莊王想重賞唐狡，但是唐狡推辭說：「臣下的命本來就已經是大王的。在絕纓會上，扯許姬衣袖的正是臣下，蒙大王寬宏，有不殺之恩，所以今日捨身相報，是臣下該做的。」

【原文】

知人知欲，智者善使敗德之人焉。

【譯文】

認識一個人要瞭解他的欲望，有智慧的人善於利用在道德上犯過錯誤的人。

【原文釋評】

一個人的動機決定他的行為，反過來說，他所做的任何事最終都要落到他的目的上。有的人喜歡權，有的人喜歡財，還有的人喜歡管理者的讚許之辭，瞭解部屬不妨從他所喜歡的東西下手。只有這樣才能抓住他心理上的重心，讓他感到可以在你這裡得到自己想要的東西。所以，你要用一個人，就必須瞭解他的為人，瞭解他的欲望。

人非聖賢，孰能無過？其實，就是管理者自己，也難免在工作中犯錯。如果對部屬一味的求全責備，將無人可用。哪怕曾犯過大錯的人，只要給他改正錯誤的機會，善於引導，往往會做出更好的成績。總之，用人應該不拘一格，善於發現其人的優點與長處，對其他不關大局的細節則不必過多追究。

【案例解析】

曹操唯才是舉，吸納人才

三國初期，軍閥割據，天下四分五裂。各個政治集團都想吞併其他勢力，成就霸業。

曹操作為一名富有遠見的政治家，他認識到一點，只有籠絡足夠多的人才，才能確保自己功業不斷強盛。然而，從漢朝以來，選拔人才都有一種普遍的認識，即要求人才必須在道德禮教方面做得十分完美，否則就不能提拔為官。許多人因為曾經犯過錯誤，苦於無法得到重用，但是曹操打破這樣的傳統。

為了統一天下，治理國家，曹操提出「明揚仄陋、唯才是舉」的方針。「為國失賢則亡」，曹操突破傳統想法，對人才有超越歷史的深刻認識。

在掌握朝政大權之後，曹操三次下令向天下求賢，不計出身、不計是否曾犯過錯誤，只要有才能，即可以得到重用，他先後任用一批如華歆等在禮教上風評不好的知識份子。

有人向曹操提出：「這樣的人，留在身邊可能會有危險。」

但是曹操卻堅持自己的意見，他說：「我提拔他們，不是用他的缺點，而是用他們的才能。漢初的陳平行為放浪，戰國的蘇秦不守信用，雖然他們有這些缺點，但是都成就了偉業。所以，只要我善於駕馭，這些人是會為我效力的。」曹魏陣營匯聚大量的優秀人才，成為三國時最強的政治集團。

第二章：御心術

以仁服人

古人云：「仁者無敵」。在鬥爭紛繁的塵世間，這句話可能不會令你的敵人完全消失，但是一旦奉行仁義的原則，卻可以讓你的敵人減到最少。

從某種角度而言，道義是一種無形的力量！表面上看，仁義道德彷彿柔弱無力，不如以力服人那麼有魄力、有氣勢。但是從長遠看，從大局看，唯有具備仁德精神的人，才能夠感動天地、軟化人心，才能夠讓人從心底真正地臣服。

【原文】

民所求者，生也；君所畏者，亂也。無生則亂，仁厚則安。

【譯文】

老百姓最想得到的是安居樂業；統治者最害怕的則是社會動亂。如果人民難以生存，就將爆發民亂；統治者只有以仁愛寬厚的精神來治理社會，才能得到安寧。

【原文釋評】

仁義是一個抽象的概念，但不是無法掌握。無論是普通的民眾，還是高高在上的領導者，都有自己希望得到的東西，也有自己所害怕的東西。瞭解他們的所懼所求，是施以仁政的前提。如果能讓老百姓過上平安幸福的生活，便可使社會祥和，政局安定，這就是最大的仁義。

換言之，所謂仁，即是對多數人的愛護。

作為現代的管理者，擁有一顆為大局考慮，為多數人謀利的仁愛之心，同樣是很重要的。必須明白一點：讓正義站在你這一邊，就是讓多數人站在你這一邊。

【案例解析】

以仁義搶市場——華龍速食麵市場經營策略

在中國速食麵市場中，以「康師傅」和「統一」兩家為泰斗，其餘眾多的速食麵廠商都只能望其項背。而在這些速食麵企業之中，華龍速食麵在近年的競爭中，卻脫穎而出，成為大陸排名第三的速食麵企業，與「康師傅」、「統一」形成三足鼎立的態勢。

在如此激烈的競爭與壓力下，華龍取得這樣好的成績，與公司推行的市場經營策略密不可分。華龍管理階層歸納自己的經營策略特點時，提出「仁義」兩字。華龍經營理念中的「仁義」，不完全等同於古人所講的「仁」，但是取其精髓，適應商業現況，把經營的主要目標，指向以下幾個方面：

面向農村市場、採以中低價位。中國是一個農業大國，農村人口眾多，同時，城市中也有大量的中低收入者，他們佔中國人口的絕大多數，正是速食麵消費的主力市場。華龍看準這一點之後，創業之初，就避開大中型城市超市中高價速食麵的鋒芒，把自己的產品定位在八億農民和三億薪水階層的廣大消費群體上，以低廉的售價贏得廣大中低收入者的歡迎。

華龍以農村和中小城鎮為立足點，以品質與信譽作為保證，不斷提高市場佔有率和普及率，待以時機，再以良好的口碑與品牌，邁入大中型城市的高價市場。

敢於分利、造就銷售富翁。相對於其他企業，華龍速食麵不吝私財，敢於分享，回饋更多的利潤給旗下的經銷商。自一九九八年始，華龍提出「實施百萬富翁工程」，即透過二到三年的合作，從合作的經銷商裡面，造就一百名百萬富翁。現在，已經有三十多名經銷商成為百萬富翁。

這種分享與雙贏的經營思想，刺激更多的速食麵經銷商加盟華龍集團。如今，華龍旗下的經銷商遍及全國各地，共計六百餘個。雙方建立起聯合、聯利、聯心，廠商共走長期、長遠、長久合作的「共贏」之路。

回饋消費者、完善服務品質。華龍集團的口號是「在保證每包速食麵只賺一分錢的前提之下，最大限度的實施品牌推廣，回饋經銷商和消費者。」當然，儘管這中間有誇大的成分，但是卻向廣大消費者顯示出「仁」的形象。

事實上，在具體的經營過程當中，華龍也的確盡可能地向消費者表現出這種回饋。比如，送貨上門、股本獎勵、銷售回扣、運費補貼等多樣的形式，根據淡旺季和新品開發上市等不同情況，來確定不同比例回扣和獎勵。此外，根據消費者的需求，開辦促銷活動、展銷會、訂貨會、客戶聯誼會，發展戰略研討會等有趣的活動，以期更貼近消費者。

治國之仁、經商之仁、管理之仁，對象不同，內容不同，仁的精髓卻是一致的，那就是將自己的利益與多數人的利益結合在一起，讓自己得到最大的支持與信賴。

【原文】

民心所向，善用者王也。

【譯文】

瞭解民眾的嚮往，並且順應它，利用它，才是真正的王道。

【原文釋評】

自古以來，所有偉大的帝王都明白一個道理：順應民心是治世的最好良方。

唐太宗李世民就曾感慨的說：「水能載舟，亦能覆舟。」只有瞭解和順應民眾的嚮往與要求，才能得到民眾的支持與擁護，反之，則將遭遇多數人的唾棄。因此，自古靠武力與暴政維繫的政權，都往往不得長久與善終。現在的管理者、決策者，在進行管理的過程之中，也要注意「民心」的歸屬，如果決策損害絕大多數下屬的利益，或是強迫下屬們去做他們不想做的事，只會讓他們站在你的對立面，而且工作也不會做好。如果順應他們的心願，利用他們的心願，就可以激發他們的動力與熱情，得到事半功倍的效果。

【案例解析】

球賽與加班——靈活的管理提高效率

身為企業的管理者，如果知道員工們心中的要求，無疑會讓他在制定管理策略時有很大的主動權。比較有利的方法是，作為高層的你應該抽出一些時間來與你的下屬中的主要人物談話，這種談話不是工作性質的，內容應是以生活、家庭、甚至愛好方面的，以此加深瞭解與互信。如果他們與你一樣，再和他們的下屬進行溝通，則會在企業產生有利的心理影響與互動，容易形成所謂的「群體思維」。

英國恩寶公司旗下的一家體育用品開發公司，其大多數員工都是足球愛好者，這當然是正常的事情。一方面，英國球迷是世界有名的；另一方面，他們本身又在體育用品公司工作，愛好體育更是情有可原。於是，觀看世界盃比賽對他們來說是頭等大事。然而，許多場次的球賽往往是他們上班的時間，這讓公司的老闆很為難。

一開始，老闆認為不能開放縱員工的先例，於是規定凡在上班時間觀看比賽的員工，都將受到嚴厲的處罰，累犯者甚至會被開除。可是這依然沒有阻止員工們觀看球賽的熱情，相反地，因為這樣的禁令，讓員工對公司有很大的意見，有些員工甚至認為這樣的公司沒有絲毫的人性化，而憤然提出辭呈。整個公司的氣氛十分緊張。老闆發現問題以後，改變方法，他和員工們約定，上班時間可以觀看球賽，但是必須要加班同樣的時間，這條約定讓員工們很滿意。於是上班時，一到球賽開始的時候，員工便坐在電視前觀看比賽，而老闆則向他們分發汽水與零食，這使得員工對公司的對立情緒很快得到抒解。下班後，員工們依約加班，沒有絲毫的不快。所以，即使在世界盃期間，公司的業績也得以保持。

【原文】

人忌吏貪，示廉者智也。

【譯文】

人們對官員貪贓枉法一向痛恨，所以要向世人表現出自己的清廉正直，這才是聰明的做法。

【原文釋評】

官吏手中擁有民眾沒有的權力，這是官與民最大的差別。授予官吏這些權力的目的，原本是為國家與民眾謀利的，然而許多官吏們卻利用權力為自己謀利。這當然是和「仁」的思想背道而馳，所以大多數人都對這樣的官吏深惡痛絕。事實上，許多官吏的一些「不仁」的行為往往也是身不由己，不是出於本意，但即使這樣，依然不會得到民眾的原諒。因為從古至今，民眾對「貪吏」已經到達深惡痛絕的地步，一旦發現，則視為過街老鼠，不會予以絲毫的理解。

因為民眾只愛戴廉潔的官吏。所以，聰明的官吏，懂得要向世人表現出自己的廉潔，這樣才能真正得到民心。作為企業管理者，也要懂得個人道德形象與企業社會形象的重要性，學會巧妙地展示無私與仁愛的形象。也許你有時做不到那麼完美，但是也必須表現出你最優秀和善良的一面，因為這不僅僅是你個人的事，也關係到你所在公司形象的問題。

【案例解析】

喬登的智慧——敢於往臉上貼金

喬登是ＮＢＡ最偉大的球員之一，不過相比他的球技，他的為人之道也毫不遜色，充滿許多智慧。有一次，他與球團進行年薪的交涉時，雙方產生分歧與對立。喬登要求大幅增加年薪，讓球團十分為難，而且社會與媒體也覺得喬登似乎有點自私。然而，在記者包圍中的喬登卻以自己的發言，巧妙地回應媒體：「我不是只為自己多賺錢而堅持加薪的，而是為了提高所有ＮＢＡ球員的年薪標準，要求更合理的薪資體制才不懈努力的。」作為一名職業球員，努力要求提高待遇的想法是理所當然的，可是喬登不在公眾面前暴露這種欲望，而是巧妙地把個人問題轉換成一個整體的利益，使之成為所有ＮＢＡ球員的問題，進而贏得更多人的支持與同情。

後來，喬登退休後從事商業活動，也一直貫徹這樣的方針，在代言「NIKE」品牌時，總是把體育精神與公益事業作為宣傳的重點。但是其實人們都明白，「NIKE」品牌的體育用品價格一直不菲，保持了巨大的利潤空間，這說明「NIKE」絕沒有忘記商業的利益。只是在獲得商業利益的同時，他們不會忘記向社會與廣大的消費者展示出一個健康仁厚的企業形象。

【原文】

眾怨不積，懲惡勿縱。

【譯文】

眾人的憤怨，積蓄起來是很可怕的，一定要避免；對待罪惡的人與事，不能放縱，一定要懲治！

【原文釋評】

將眾人樹立為自己的敵人，對於自己的事業來說，是十分不明智的，即使你具有高高在上的身分，引起眾怒也將給你帶來很大的危機。如果這樣的眾怒日積月累，形成了氣候，任憑你有多大才能，恐怕都無力回天。所以，在眾怨積蓄之前，就要及時反應，快速處理，不能對這種怨憤聽之任之。最好的辦法，就是把問題轉移到別處，或是乾脆站在大眾那邊，替他們做主，懲辦凶頑，以換取大眾的信任與愛戴。所以，懲治罪惡絕對不能手軟！

【案例解析】

唐玄宗為平眾怒，痛下殺手

作為手握大權的管理者，你的一言一行都會引起大家的注意。你對善惡的處理態度，也會直接影響整個企業的好壞走勢。如果行善得不到表揚和獎勵，行惡得不到懲罰與批評，企業很快就會變得烏煙瘴氣。

安史之亂後，叛軍攻入長安，唐玄宗帶著一干人匆忙逃出長安，想到四川成都避難。然而在路上，發生了兵變，軍士們因為多年來的朝政腐敗，積怨已久，他們不願再為皇帝賣命。究其原因，是因為丞相楊國忠上任以來，任人惟親、貪贓枉法，早就天怒人怨。玄宗此時已經到了山窮水盡的境地，而對眾怒，沒有其他辦法，只能站在軍士們的一邊，順應他們的要求，將楊國忠殺了，而且因為自己心愛的女人楊貴妃是楊國忠的妹妹，也不得不忍痛將其賜死。這才平息眾怒，重新得到軍士們的效忠，得以繼續踏上逃難之路。

以計服人

與以「仁義感化」相對應的是，以「智慧的力量來征服他人」。作為一名管理者，這種智慧，不僅僅是個人的辦事能力，還必須包括對他人及下屬的認知能力、發掘能力和控制能力等，這才是管理者的智慧。以這樣的眼光與智慧，會讓越來越多的人相信，他在你的麾下一定可以發揮自己的才華。

【原文】

不禮於士，國之害也，治國固厚士焉。

【譯文】

對待賢能的人，輕慢無禮，這會給國家帶來損失。要治理好國家，一定要給予這些賢能的人優厚的禮遇。

【原文釋評】

所謂「得士者昌，失士者亡。」毫不誇張地說，任何時代，任何國家，真正的社會財富是人才。只有擁有人才，一個企業才有機會，一個國家才有力量，一個民族才有希望。

本書在第一章中就談到，真正的人才是自信和自愛的，如果對他輕慢無禮，很可能會傷害到他的自尊，他也不會真心為你出力，或是棄你而去。如果你是國家之主，這是國家的損失，如果你是企業之主，則是企業的損失。只有尊重人才，任用人才，這才是發展的前提。

【案例解析】

齊威王的財富觀

中國的先秦時代，是一個動盪的時代，同時也是一個充滿競爭的時代，諸侯為了稱霸，不斷的尋求強國之道。齊國作為最早稱霸的國家，最有效的舉措就是注意招攬人才。《資治通鑒》中曾記載這樣一個故事：

齊威王、魏惠王兩個國君相約在獵場狩獵。休息時，兩個國君一起閒聊，魏惠王有意炫耀一下自己的財富，於是問齊威王：「齊國有什麼寶貝嗎？」齊威王回答：「沒有。」魏惠王得意的說：「我們魏國家面積雖然不大，但是卻擁有十顆直徑一寸以上、能照亮十二乘車子的大珍珠！你們齊國那麼大，怎麼卻沒有寶貝呢？」

齊威王說：「對於寶貝的看法，我和你可不太一樣。我的大臣之中有一個叫檀子的人，他鎮守在南城，楚國被他震懾的不敢來進犯，泗水流域的十二個諸侯國，都爭相來朝賀。還有一位叫盼子的大臣，他鎮守高唐郡，嚇的趙國人不敢東到黃河來捕魚。我的官吏中還有位黔夫，讓他鎮守徐州，燕國人就會跑到北門、趙國人則跑到西門跪拜求福，甚至有七千餘家的老百姓相隨來投奔。我的另一位大臣種首，他負責防備盜賊，結果我的國家出現路不拾遺的太平景象。我的這四位大臣，光照千里，又豈止僅照亮十二乘車子呢！」齊威王的一番話，讓魏惠王十分慚愧。

【原文】

士子嬌縱，非民之福，有國者患之。

【譯文】

貴族子弟驕橫放縱，對老百姓來說是災禍，國家的統治者一定要加以注意。

【原文釋評】

自古高官子弟往往因為從小被溺愛，生活太過優裕，而不知道體恤民困。如果放任他們胡作非為，任意侵犯民眾的生命與財產，必然會激化社會的衝突。這對於社會的統治者來說是一個隱患。然而，這些貴族子弟有很深厚的家庭背景與裙帶關係，因為投鼠忌器，處理起來十分棘手。

其實，現代企業中，又何嘗沒有這些嬌縱的「士子」，他們往往是企業許多領導者的子弟或親屬，或佔據重要位置分化你的權力，或經常干預你的工作，影響工作的正常進行，降低效率，此時的你，恐怕也不得不為此憂慮吧！

【案例解析】

家族式企業的人才問題

當前，家族式企業並不少見，許多白手起家的創業者，從一開始的一無所有，到後來的風光無限，都離不開家庭與親人對他的幫助和支持，所以在他的內心，最為倚重的當然是一起同甘共苦的親友。然而，這種家族內部的管理方式，雖然有很高的凝聚力，但是卻不適合大型企業的人事管理。一旦公司發展到一定規模，就必須規範管理制度，不能像小家庭一樣，完全憑感情來維繫人事關係。

美國的邁考米克公司是國際行銷大師W・邁考米克先生一手創辦的。開創之初，他從親友那裡籌集資金，一路艱難的發展，經過頑強的努力，邁考米克慢慢的發展成一家實力雄厚的大型公司。在他的企業中，有不少自己家庭的成員，以及親友的子弟。這些人關係親密，工作賣力，公司發展很快，員工的收入也不斷增長。

邁考米克先生為人豪爽仗義，對曾經幫助過他的人，更是信守「滴水之恩，當湧泉相報」的原則。所以，在他的公司中，收編了越來越多各種各樣的關係人員。漸漸的，公司出現疲態，人事上關係複雜，管理策略很難執行，員工們各自有不同的背景地位，管理規則混亂。多年積弊，公司面臨生死考驗：公司的重臣紛紛倒戈背離，年年虧損，經營舉步維艱。

當時有人建議邁考米克先生對公司進行裁員，以挽救企業命運，然後手背、手心都是肉，邁考米克先生在裁員問題上，一直猶豫不定，遲遲不忍下手。但是他又沒有其他可行的辦法。感情與現實的衝突折磨著邁考米克先生，也損害了他的健康。在公司危機重重，面臨倒閉的情況下，邁考米克先生因病與世長辭。

W．邁考米克先生去世後，新任總裁是C．邁考米克，他上任之後開始全新且公平的人才管理方式，進行機構改革，打造務實的企業作風。他的改革有了顯著的成效。很快，邁考米克公司擺脫困擾，也招攬優秀人才，給予公平合理的待遇，並且為每個人提供發表意見的權力，以及得到升遷的機會。僅僅在一年之後，公司就出現轉機，再次煥發生機與能量，成為國際有名的大公司。

【原文】

士不怨上，民心堪定矣。

【譯文】

世間賢能的人都能人盡其才，沒有抱怨，民心也能安定。

【原文釋評】

社會一旦動亂，真正對統治者最具有威脅力與破壞力的人，往往是那些懷才不遇，壯志難酬，進而心生怨恨的知識份子。這些人擁有非凡的才智與理想，比普通人更具破壞力，此時的他們正打算利用這樣的亂世為機遇，一展自己的抱負。因此可以說，這些人才是社會中最具威脅的不穩定因素。如果能讓這些人，一開始就得到尊重與厚待，他們則會成為社會的建設者而不是破壞者。所以，人才的心態，直接影響社會的穩定。

【案例解析】

黃巢起義——怨憤的力量

回顧歷史朝代的變更，我們可以看到這樣一個有趣的現象，那就是新朝的開國英雄們，往往是前朝的那些落魄潦倒的志士。雖然他們滿懷壯志，卻無人賞識，甚至連生活都難以保障。可是諷刺的是，大量的庸才或是小人，卻憑藉一些特殊的原因佔據高高在上的位置，這足以讓志士們產生強烈的怨恨與反抗意識。

唐朝後期，官場黑暗腐敗，民不聊生，終於爆發大規模的民變與起義，其中黃巢起義軍就是具有影響的一支。黃巢是曹州冤句（今山東曹縣西北）人，自幼胸懷大志，一心想為國家出力，出人頭地。然而，他苦讀詩書，卻屢次考舉進士不第。受到多次打擊的他，終於忍不住爆發。他曾寫一首名叫《題菊花》的詩來詠志：「颯颯秋風滿滿栽，蕊寒香冷蝶難來。他年我若為青帝，報與桃花一處開。」詩中的桃花一改以往文人筆下孤高絕俗、落落寡合的姿態，已然有一種傲然的氣勢，誓與萬花爭春的決心。這正是黃巢對自己的寫照，「他年為青帝」的志願，讓他組織唐末最大規模的起義。一時民亂四起，包括黃巢在內的平民起義，共歷經二十五年，席捲山東、河南、安徽、江西、江蘇、福建、兩湖、兩廣、陝西等十二省，沉重打擊唐王朝，同時也給中國社會帶來極大的破壞與傷害。起義平息不久，中國便進入五代十國的分裂時代。

【原文】

嚴刑峻法，秦之亡也，三代盛典，德之化也。

【譯文】

秦朝之所以滅亡的很快，是因為它施行過於嚴厲的刑法。想要長治久安，社會繁榮，應該以德治國。

【原文釋評】

嚴刑酷法在短時間之內，的確可以收立竿見影的效果，可是這種高壓的手段過於簡單粗暴，必須會使被壓制的民眾產生不滿與怨憤，反抗也是在所難免的。所以國家的長治久安，根本的方法是採用仁德寬厚的精神，讓人民休養生息，並且給予他們教化，這樣才會使民眾珍惜生活和生命，並對社會產生感激之情。

企業的管理者，又何嘗不可以採用這種方略來治理企業呢？一味的處罰員工，不一定會讓員工對你敬畏，反之還可能對你懷恨在心，對你和企業伺機報復。不如對員工採用更人性化的管理，讓他尊敬你，感激你，才會全心地為企業服務。

【原文】

權重勿恃，名高勿寄，樹威以信也。

【譯文】

手握大權不要驕橫，名聲顯赫不要自得，想要樹立自己的威望關鍵要靠誠信。

【原文釋評】

身居高位的領導者和管理者，當然比普通的員工擁有更大的權力和聲望，他們或是擁有更多的經驗和技術，或是擁有更多的關係與資源。但是如果自恃大權在握，盛名遠播，進而自視過高，很容易故步自封，難有新的突破。

其實，即使你權再大，名再響，別人是否對你尊重，還是取決於在和你的接觸中對你本人品德的認識。如果你待人以誠，言而有信，別人自然會對你親近而尊重，此時再加上你的身分與地位，足可以征服他人！

真正成熟的企業管理者，懂得尊重自己的下屬，他們明白，正是那些地位比自己低的員工，在為自己創造財富。所以，尊重他們，其實就是在用感情激勵他們為自己更好地工作。也許這麼說，顯得過於功利，但這卻是不爭的事實。

平心而論，大凡成功人士，本身的素質也會不允許自己盛氣凌人。他們往往是從低層奮鬥上來，更能切身體會對下屬的尊重有多麼必要。

【案例解析】

玫琳凱・艾施——平等誠信的待人之道

玫琳凱・艾施一九六三年退休以後，僅用五千美元起家，創辦玫琳凱化妝品公司，創業時只有九個員工，可是二十年後，該公司發展成為五千多名員工，年銷售額超過三億美元的世界知名的化妝品企業。

現在，玫琳凱公司更是雄踞一方，旗下的雇員，已經超過二十萬人，可謂顯赫非常！當管理學家維柯和她談話時，她談及自己的成功秘訣，反覆談到「人際關係是精髓——懂得尊重。」

多年以前，玫琳凱・艾施還是另一家企業的普通員工時，曾為了和公司的副總裁握手而排隊等候三個多小時。可是當她終於和副總裁握手時，卻發現疲憊不堪的副總裁，已經沒有心思應酬了，他的眼睛根本沒有看著她，而是在瞧她身後的隊伍還有多長，以便計算還要待多長時間。

艾施回憶說：「這件事讓我很傷心，我暗自下決心，以後我無論成為擁有怎樣地位的人，在和別人握手時，我一定把注意力放在對方身上，給對方足夠的尊重。」

事實上，艾施在創業後的工作中，不僅做到了這點，而且還把這種態度貫徹於她的一切人際行為之中。她真誠地對待公司的每個員工，誠信而親切，崇尚禮貌待人，甚至親自為員工和顧客們準備零食。

而且，她經常邀請公司中最普通的員工來家中做客，每次她都會親切地款待每個客人。她的思想構成玫琳凱的企業文化，甚至停在公司門外的計程車司機，在等待客人時也能接到玫琳凱員工送上來的咖啡。玫琳凱的大廳還為普通的訪客準備音樂與雜誌，無論是不是自己的顧客，都能得到最好的禮遇。市民們在談到玫琳凱時，都會稱其為達拉斯最棒的公司。

平易與誠信的待人之道，成就玫琳凱公司，同時也為他們樹立真正良好的企業威信。

第三章：擒心術

德才者選德

每個人都有他的優點與特別之處。作為管理者，是否能發現他們的優點和長處，並且最大效率的利用他們的能力，是你工作的一部分。必須要提醒自己，世上沒有完美的人，你用人，不是在用他的缺點，而是他的優點。所以一個人是否是有用之才，就看你如何發現他和利用他，換言之，人才遍地是，慧眼才能識英雄。如果你作為一個正在尋找機會的人，也應該去揣度用人者的心理，瞭解他到底需要的是什麼？

【原文】

德不悅上，上賞其才也。才不服下，下敬其恕也。

【譯文】

品德高潔不足以讓主管滿意，主管更賞識的是你的才能；才能非凡不足以讓下屬們折服，下屬們更敬重的是你的仁厚。

【原文釋評】

不同的人，對你有不同的要求，他們大多站在自己的位置，出於自身的考慮來評價你。所以，你有時也需要從他們的角度來審視自己，以便明白他們對你有怎樣的期待。大多數企業的管理人員，都要應付兩方面的壓力，一個是來自於主管的，另一個是來自於下屬們的。然而，往往尷尬的是，兩邊的人不體諒你所處位置的難處，主管一味的要求你的業績，而下屬們常常抱怨你的嚴厲。所以，你應該針對不同的人，來塑造自己不同的形象，只有這樣才能做到左右逢源。

【案例解析】

善當組織者與傳遞員

想要讓主管和下屬同時喜歡你，不是一件容易的事。夾在中間的你，必須學會一種非凡的溝通能力。美國猶他州大學管理學教授弗雷德利克・赫茲伯格認為：「管理者就是把眾人的智慧集中起來，成為自己的智慧。」

查理斯・埃姆斯是雷蘭斯電器公司的前任總經理，現任阿克米・克利夫蘭公司總裁。他發表過一個相關的觀點：「我的目標來自於我的主管，我的靈感來自於我的下屬。而我只是一個傳遞員，組織大家一起工作罷了。」在查理斯的工作歷程中，他深得上級與下屬的喜愛。因為他能準確的與大家溝通與合作。在與主管的交流中，他瞭解到主管的期望和目標，然後他會親自來到下屬們的辦公場地與他們交流。「我不喜歡叫我的下屬來我的辦公室，這會嚇著他們。相反地，如果我能走到他們的地盤，他們的心理會輕鬆很多。同時，他們會認為我很重視他們，正在尋求他們的幫助。」事實上，查理斯的確在尋求下屬的幫助，下屬們往往會提出讓查理斯驚喜的建議。在大家的群策群力中，一個問題經常可以討論出多個方案。然後，查理斯拿著幾套成熟的方案，來到主管的面前，讓主管刮目相看。

正如上面說到的，主管關心的是你的業績與能力，不在乎你用了什麼手段；下屬更關心你是否會厚待他們，如果你能採用他的意見，他會更加高興。看吧，有時夾在中間，也不是什麼壞事。

【原文】

才高不堪賤用，賤則失之。能傲莫付權貴，貴則毀己。

【譯文】

才華非凡的人，不能忍受去做卑賤的工作，如果你這樣對待他，他必將離你而去；能力超群，心高氣傲的人，也不要一心攀附權貴，否則靠依附而生存，終將失去自我。

【原文釋評】

「良禽擇木而棲，良臣擇主而事。」人才的任用與去留，絕不僅僅是當權者一人就能決定。尤其在當今這樣一個人才流動頻繁的社會，每個人都有權力決定自己的奮鬥方向與環境。所以，李義府的這句箴言，到了今天似乎更加實用。

如果身為管理者的你，明知某個人有非凡的才華，卻不肯重用他，他必然將尋找其他更能發揮才能的地方，這對於你來說，不僅失去人才，還可能增加一個敵手。如果你是一個充滿自信，胸懷理想的人，如果得不到相應的機會，就不要過於執著於當前的位置，因為你一心攀附權貴，處處討好、喪失個性，你將會迷失方向，才能被埋沒，人生也可能被這樣毀掉。此時的你，何不另擇棲身之所，重新塑造新的自我？

【案例解析】

韓信對項羽的回答

秦末亂世，群雄逐鹿，其中以項羽為首的楚國集團勢力最大，它也成為眾多人才首先考慮的投奔方向。然而，項羽心思粗魯，不惜人才，自恃武力過人，能征善戰，便剛愎自用，自以為天下非他莫屬。他對人才的態度，使他漸漸喪失許多人的效忠。這些人叛離項羽之後，大多站在項羽的對手——劉邦的一邊。韓信就是其中之一。

漢大將軍、淮陰侯韓信，最初投靠在楚軍之中，在軍中做一個執戟郎的小軍官。但是他一心想有所建樹，曾經屢次向項羽進言，希望能得到重視與提拔，可惜他的意見從來沒有被項羽採用，甚至項羽從來沒有注意過他。這讓韓信十分失望，於是在楚漢雙方開戰之時，即西元前二〇六年，棄楚投漢。

後來，韓信被劉邦拜為大將軍，成為統領漢軍的最高軍事指揮權。韓信明修棧道，暗渡陳倉，一舉攻取三秦，之後，他自北路用兵，連破魏趙燕齊，其間多起經典戰例，令人稱奇。

在韓信被封為齊王之後，項羽曾經派人來勸說韓信，希望他能與自己聯合，或是中立。韓信的回答說：「我在項王手下時，不過當一個郎中的小官，給我一個執戟守門的工作，位卑言輕，計不聽，謀不用，我才離開項王投靠漢王。漢王卻拜我為大將軍，把他的衣服給我穿，把他的食物給我吃，對我言聽計從，他對我如此厚愛，我還要背叛是無仁義的。」最後，韓信在垓下，以十面埋伏之計合圍項羽主力，一舉殲滅楚軍，使項羽在烏江邊自刎。

忠才者選忠

作為一名需要向別人證明自己的人，當然要根據別人的需要來塑造自我。可是如果你是一個正準備選才的高層人員，又如何面對和選擇眾多實力強勁的人才呢？其實，不用多說，你也會知道，忠誠是下屬最可靠的保障。讓一個令你沒有安全感的人，置於要位之上，無異於身旁安置一個不定時的炸彈，又豈能安枕？

【原文】

才大無忠者，用之禍烈也。

【譯文】

有才能但卻缺乏忠誠的人，如果委以重任，可能會帶來危險的禍患。

【原文釋評】

發掘和利用人才，必須建立在控制人才的基礎之上。如果你沒有能力控制他，對你來說，這是一個危險的信號。對於一個沒有忠誠和信義的人，他越有才能，危險也就越大。假如你沒有「識人度心」的能力，任用這樣的小人，等到他的權力大到你不能控制和震懾之時，他對你的傷害也可能越嚴重。所以，對於人才，在任用之初，你應該多一些時間來觀察和測試，注意他平時的言行，尤其是在處理事務時，不經意流露出的內心思想，都將有助你進一步認識他。如果他存在某些你不能容忍或無法控制的不足和缺點，你就要多加留意。

【案例解析】

易牙的獻禮

春秋五霸之一的齊桓公，愛才惜才。名臣管仲曾經是他的敵人，並向他射過一箭，但是他不記恨，反而拜管仲為相國。在管仲的治理之下，齊國國力強盛，稱霸一時。然而，齊桓公的這種寬容落在鮑叔牙、管仲這些忠臣身上倒也無妨，可是如果對於小人也這樣，就給他帶來莫大的災禍。

易牙是齊桓公宮中的一個手藝出眾的廚師，有一次齊桓公對易牙說：「我貴為一國之君，天天吃的都是山珍海味，已經吃膩了，都不知道應該吃什麼了。現在看來，只有人肉還沒吃過。」

過了一天，易牙給他端來一盤肉，齊桓公吃後覺得很鮮嫩，問易牙這是什麼肉。易牙說：「這是我小兒子的肉，昨天聽主公說沒有吃過人肉，我就回家殺了年僅三歲的兒子來孝敬您。」齊桓公聽後十分感動，認為易牙為了自己不惜殺子，是一個很忠心的臣子，從此對易牙委以重用。

丞相管仲知道這件事後，勸齊桓公道：「我認為以後主公最好遠離這個人，連兒子都能下手殺害的人，還有什麼不能做出來？」齊桓公說：「可是他在我身邊這麼久了，也沒有犯過什麼錯啊！」

管仲說：「洪水有大堤防堵著，不會氾濫，我管理政事就好比大堤，可是如果哪一天我不在了，就會像大堤倒塌一樣，那就危險了。」齊桓公聽過之後雖然點頭答應，卻沒有真正聽從管仲的話，只是暫時遣走易牙，心裡卻想著有朝一日再把他召回宮中。

管仲死後，齊桓公對易牙等人更加親近，終於釀成悲劇，二年後，齊桓公病重。易牙、豎刁等見齊桓公已經不久於人世，就開始堵塞宮門，假傳君命，不許任何人進去。可憐一代霸主竟然活活餓死，屍體的蛆蟲都爬出宮門，之後諸子爭權而發生內亂，齊國的霸業開始衰落，中原霸業逐漸移到晉國。

善用大小才

大才有大才的用法，小才有小才的位置。真正善於用人的管理者明白一個道理：不是某人應該做什麼，而是某人適合做什麼。既然他已經是你的下屬，就應該發掘出他的優點，讓他做最適合的工作。

【原文】

人不乏其能，賢者不拒小智。

【譯文】

每個人都有自身的能力，所以賢明的人，不應該拒絕那些零星的小計謀和小智慧。

【原文釋評】

「天生我才必有用」，每個人都具有自己的專長和特點，這些專長與特點也許在世人看來只是一些不值一提的小伎倆，然而事實上，歷史往往因一些雞鳴狗盜之徒的存在而被影響。所以，真正聰明的人，絕不會忽略每個人看似微弱的智慧之光。所謂「愚者千慮，必有一得」，再平庸的人，都有靈光一閃的時候。作為一名管理者，集中眾人的智慧，是你的工作任務。記住，一定要給下屬發表意見的機會。對於一個平庸的管理者來說，最大的危機之一，就是手下都是一群唯唯諾諾的人，只會迎合與沈默；一名成功的管理者，身邊必然圍繞著一群敢於發表不同意見、富於個性的智囊人物。

【案例解析】

每個員工都是我的顧問

根據英國《勞動者報》調查，接近一半的提出辭職的員工，在談及他們離開原公司的原因時，會表示他們的意見從來沒有得到過原公司的關注，讓他們十分失望。換言之，他們另謀高就的重要原因是沒有人理會他們的想法，這使他們感到自己將不會受到重用，留在公司裡也不會有好的個人發展前景。

麥可・米克是英國一家擁有近萬名員工、年獲利四億多英鎊的跨國大公司。該公司很少有員工主動提出辭職。這家公司管理運作的最大特點就是：善於聽取下屬的意見，並以此而在企業界中聞名。該公司在經營與管理過程中培養出一種民主決策的優良作風，大凡有重大的決策、以及未來目標、政策或方案，都會有公司最基層的員工參與討論。

公司的總裁應有的作為，對決策最有參考價值的意見，往往來自於最基層的工作過程，所以必須在公司裡營造一種平等而活躍的氣氛，讓下屬們的意見有機會發表，並且給予充分的重視。「我喜歡聽員工們說話，甚至是抱怨，那是真實的聲音，他們的意見讓我明白現在的問題在哪裡。事實上，每個員工都是我的顧問，但是我沒有發給他們這個部分的薪資，我賺了很多。」凱思先生在一次公開的講話中說道，「我討厭一天到晚機械般的上班下班，我想我的員工們也應該和我一樣。那就是不需要思考的無聊工作，誰願意一直做下去呢？所以，應該給員工們思考的機會，更要給他們發言的機會。要知道，公司發展是眾人的合力，你必須利用每個人的智慧。記住，你沒有比其他人聰明！」

【原文】

智或存其失，明者或棄大謀。

【譯文】

再高深的智謀都有不完善的地方，再聰明的人也有犯大錯的時候。

【原文釋評】

「智者千慮，必有一失」，正如每個人都有一些優點，反之每個人都不可能完美。有時候，聰明人也做糊塗事，甚至還會犯很大的錯誤。所以，面對自己的失誤和挫折，要有一個良好的心態，對別人的錯誤與失敗，也要有一個客觀的認識。因此，如何正確對待工作上的過失，是一名管理者應該具備的素質。當然，這不是說，每個人就有理由一而再，再而三的犯錯，我們要做的是利用一切方法避免犯錯，至少要避免犯嚴重而不能挽回的重大錯誤。

【案例解析】

面對失敗時，應該掌握的原則

富於人生閱歷的人都懂得，錯誤時常會出現，失敗更是人生的家常便飯。成功的人，之所以能夠成功，在於他不會被困難擊倒。

美國的天朝調味品公司（Celestial Seasonings Inc.）是一家以生產藥茶為主的飲料企業。它的創建者是一個名叫西格爾的年輕人。在成立天朝調味品公司之時，西格爾還不到二十一歲，除了理想之外，他幾乎一無所有。他對藥草和茶道很有興趣，把大量時間花在研究藥茶之上，並且在周遊歐洲各國之時，收集不少茶飲料消費情況。

可是當他成功研製出加了調味品的藥茶以後，馬上就遭受重創，因為當時市面上的草藥製品幾乎全是用於治病的，所以大家沒有把他的藥茶當成一種日常的飲料。西格爾的產品在庫房裡放過期了，都沒有接到幾張訂單。西格爾這才察覺到，埋頭研製藥茶還不夠，必須加強產品的廣告和宣傳。然而，他還是沒有挽回局面，許多消費者都不喜歡藥茶的口味，喝過一次之後，沒有人願意買第二瓶。於是，西格爾又請來了多位美國營養學家和食品學家，以及做了廣泛的市場口味調查。「終於有一天，一個男人拿著我的藥茶對我說，『夥計，味道不錯』」，西格爾回憶說，「當時，我察覺到，我快成功了。」

現在的天朝調味品公司是全美最著名的藥茶飲料生產商，「我們的藥茶有多種口味，薄荷味、咖啡味，口味極佳，人人愛喝，又能增進健康。」

西格爾說：「作為一名領導者，眾多的目光集中在你的身上，你必須要在挫折前表現出強者的姿態。如果你一旦垮掉，你的部門也就沒有振作的可能。所以，必須以積極的心態，看到自己的力量。我想，面對失敗應該把握以下五個原則：一是每個人都會面對失敗和困境；二是難題一定會過去；三是每個難題都有轉機；四是讓難題對你產生正面的影響；五是即使再次失敗也沒什麼大不了。」

【原文】

不患無才，患無用焉。

【譯文】

不用擔心沒有人才，應該擔心人才沒有得到任用。

【原文釋評】

千里馬常有，而伯樂不常有。其實，尋常巷陌、市井村莊，往往臥虎藏龍，高手林立，只是沒有表現的機會，和賞識的眼光，這無疑是一種可悲的浪費。怎樣來發現和利用人才呢？當然，你不必全世界的去找，就在現有的人員基礎上，進行最大限度的發掘。製造一次「群策群力」的活動，讓每個有想法的人都有機會出現。

【案例解析】

奇異公司的「群策群力」活動

據說，奇異公司「群策群力」的活動構想，是在一架直升飛機上產生的。當時，威爾許總裁和奇異管理發展學院院長鮑曼進行一次爭論，爭論之後他們達成共識，進行一次「群策群力」的活動。活動的內容是：各單位制定固定的研究目標，全體員工進行討論，旨在利用大家的集體智慧得出有效的方案，並且在討論中發現人才。

於是，這場轟轟烈烈的「群策群力」活動，在奇異公司和各個單位同時展開，為數多達上百個單位，這活動把本來毫不相干的人們聚集在一起，包括計時工人、白領階層、經理、甚至於工會領袖們。他們在平時的工作很少有機會接觸，現在卻可以在交流中相互認識並信任。許多富於工作經驗，善於思考的人，展露了頭角。對活動進行調查的研究人員發現，會議討論的第三天尤其重要，往往成熟的計畫都在第三天產生。經過兩個階段的「群策群力」活動，奇異公司切削鋼的操作時間減少了八〇%；製造一台燃燒式噴氣發動機的關鍵零件，從以前需要三十周，縮短為八周；管理方式也由管理人，變革為管理過程，行政的程序和成本也進行很大的改進。此外，奇異公司的新一代人才儲備，也從活動中產生，並且相繼在以後的管理工作上粉墨登場。

威爾許在記錄中寫道：「我有時感到很慚愧，將近八、九十年的時間內，我們一直管理一群水準和智慧比我們高出許多的人們。」

【原文】

技顯莫敵祿厚，墮志也。情堅無及義重，敗心矣。

【譯文】

技藝非凡的人也經不住榮華富貴的吸引，這可以墮落他的志氣；性情剛毅的人也抵擋不了義氣深重的拉攏，這可以軟化他的心理。

【原文釋評】

雖然要讓人才臣服於你，不是一件簡單的事，但也不是毫無章法可循。每個人都有他的弱點，只要抓住他的弱點，就可以控制他。任憑他技藝非凡，才能過人，在榮華富貴面前，他的傲志也會墮落，一樣擺不掉功名利祿的困擾，被名利所奴役；或者他性情剛毅，堅強無比，但是你可以利用仁義厚愛，軟化他的心，讓他欠你的情，這樣他必將為你所用。所以，管理者對待不同的人才，要使用不同的拉攏方法。總之，只有想不到的辦法，沒有拉不過來的人才！

【案例解析】

為義而死的刺客——專諸

春秋時期，吳國的公子光想刺殺他的堂兄弟王僚，以便奪取王僚的吳國國君寶座。他的門客伍子胥向公子光推薦一名叫專諸的勇士。專諸是一個粗人，武力過人，為人凶悍，喜歡打架，但卻是一個孝子，每次打架，一群人都不是他對手，可是只要母親叫他一下，他馬上就停手回家。

公子光經由伍子胥認識專諸以後，親自把專諸接到府上，視為上賓，和專諸同食同住，情同手足，並聲稱要讓專諸當大官，還不斷送許多的錢財米糧到專諸的家裡。專諸的母親不高興，他對專諸說：「我們只是下等人，公子光對我們這麼好，這份情你以後怎麼還呢？所以還是不要接受他的人情。」可是公子光對專諸情深義重，專諸很不好意思，沒多久兩人的關係又變得很密切。就這樣，過了四年，公子光總是一味的給專諸最好的禮遇。有一天，專諸忍不住說：「公子待我恩重如山，我無以為報，很想為您做一點什麼，不知有什麼可以為您效力的地方。」公子光便哭道：「本來我的父親是吳國國君，王位應該是我的，現在卻讓王僚當上吳王，我想殺了他，奪回王位。」專諸說：「我可以幫你殺了他，只是擔心我的母親。」公子光承諾道：「你的母親就是我的母親，如果你有什麼三長兩短，我一定好好照顧她。」

專諸回到家看到母親，想到以後母親孤苦的生活便哭了出來，母親是一個聰明人，馬上就知道發生了什麼事。她對專諸說：「我曾經勸過你，不要接受別人恩惠，但是現在已經晚了，士為知己者死，你必須要還人家的情，你不用惦記我，我現在有點渴，你去河邊打點水回來。」可是等專諸回來時，發現母親已經上吊自殺。專諸這才下定決心，刺殺王僚。後來，專諸靠廚師掩飾身分，利用魚腸劍成功刺殺王僚，他自己也當場殉義！

第四章：欺心術

去偽存真

欺心術，顧名思義，就是一種詐欺式的博弈手段。可是，你必須注意一點，你在欺心的同時，別人也可能在反欺心。人與人的較量，無論是敵是友，有時都會顯得撲朔迷離。所以，在交往中你必須用心觀察，細心分析，洞察真相，把握方向，才能制定適用的計畫。此外，還要不斷干擾別人，注意收斂自己，不能讓別人看穿你的內心。總之，欺心術必須有攻有防，去偽存真。

【原文】

愚人難教，欺而有功也。智者亦俗，敬而增益也。

【譯文】

愚笨的人難以教育，欺騙他不算是什麼罪過；聰明的人也不能免俗，吹捧他可以讓他的虛榮心更加膨脹。

【原文釋評】

古龍的著名小說《小李飛刀》裡有一句名言：「不是我要在背後殺你，而是你自己用背對著我。」在人際較量之中，無論是政壇博弈，還是兵家鬥法，或是商場競爭，甚至是體育賽場上的假動作，都毫無意外的會使用欺騙對手的伎倆。既然是公平的「比賽」，就不要有太多的顧慮，鬥智講究的就是「兵不厭詐」。

所以，面對愚笨的人，欺騙他不但沒有錯，反而有功。「不是我要欺騙你，而是你自己愚昧。」當然，那些聰明而強大的對手，也不是無懈可擊，他們也是俗人，也有虛榮和驕傲的一面，我們正可以利用這一點，給他們過多不實的讚美與敬贈，引誘他們犯錯。

【案例解析】

驕傲的代價

三國時期的蜀漢名將關羽，是一個傳奇的人物，從桃園結義開始，就跟隨義兄劉備出生入死，南征北戰。關羽武藝高強，有萬人莫敵之勇，曾經於千軍之中斬河北名將顏良、文醜，之後過五關斬六將，沙場揚威，戰功赫然。隨著作戰經驗的累積，他在軍事指揮上的造詣也越加深厚。

後來，劉備率軍入蜀，便委以關羽駐守軍事要地荊州的重任。在統領荊州之時，他帶軍北征魏國，勢如破竹，圍困樊城，水淹七軍，一時威震各方，嚇的曹操差一點遷都。此時的關羽可謂是勇冠三軍，天下景仰。然而，就是這樣一個看似完美的統帥，卻因為自負與驕傲而導致人生悲慘的結局。

《孫子兵法》曰：「卑而驕之」，法國作家巴爾札克也說：「自滿、自高自大和輕信是人生的三大暗礁。」不幸的是，一向享受成功，聰慧非凡的人，往往都會被成功所迷惑。關羽在一連串的勝利之後，已經驕傲得不可一世，完全忘記身後還有一個厲害的敵人——東吳。

長久以前，孫劉兩處於若即若離的聯合狀態，看似並肩對抗曹魏，其實兩家問題重重。赤壁之戰以後，兩家就因為荊州的歸屬問題交涉過多次，雙方的衝突早已逐漸明朗化。然而，身為荊州守將的關羽，卻沒察覺到危險的逼近，相反地，他從心裡看不起東吳的君臣，曾經單刀赴會，視江東英雄於無物，並且在孫權為兒子向關羽女兒提親之時，斷然拒絕這門親事，還出口侮辱孫權的兒子為「犬子」，這些都證明關羽對東吳沒有足夠的重視。

東吳的將領正利用他的這種自負，精心準備奪回荊州的計畫。東吳一方不斷向關羽發出膽怯無能的信號，書信中充滿謙卑與尊敬。之後呂蒙裝病，後輩書生陸遜暫接兵權。陸遜名不見經傳，關羽更是不把他放在心上，於是將荊州主力盡數北調攻打樊城，造成後方空虛。東吳軍隊化裝成商旅，發動對荊州的奇襲，一舉奪下荊州，致使關羽腹背受敵，最終敗走麥城。後來被俘遇害。

關羽大意失荊州，一失足成千古恨，已經成為「驕傲導致失敗」最有代表性的案例。

【原文】

自知者明，人莫說之。身危者駭，人勿責之。

【譯文】

對自己有清醒認識的人，不用去提醒他；對身處在危難之中的人，不要去責難他。

【原文釋評】

塑造一個富有魅力的管理者形象，是每個管理人員都希望做到的。然而，這種形象必須要從小處著手。在處理工作之時，抓大放小，適當授權，辦事幹練果斷、不拖泥帶水、對人恩威並濟，但不要感情氾濫。有時候，你必須學會沈默。真正聰明的人，不用你天天去說教，那些自身已處於困境中的人，也用不著你時時提醒他問題嚴重。因為這時的他們，可能比你還焦慮，還心急。你作為一名管理者，如果表現的比他們還失常，那就魅力盡失了。你現在要表現的態度是泰然自若，這才有助於穩定軍心，解決問題。

【案例解析】

把員工置於危機之中，成為參賽隊員

一九八三年，斯泰克和一批經理從國際收割機公司手中買下斯普林菲爾德公司，剛剛接手公司的他們，遇到的第一個難題就是公司的財務狀況極為嚴峻。當初買下公司時，他們自己掏了十萬美元，還欠了銀行八百九十萬美元，即債務與股本比例是八十九：一。面對如此嚴峻的現實，他們根本不能犯任何的錯誤。

然而，當時公司員工們的士氣十分低落，大家似乎不關心公司的困境。斯泰克認為，一個企業必須建立一支關心企業效益的員工隊伍，這需要兩個條件，一是管理團隊有威信，二是讓員工的利益與企業利益一致。換句話說，讓員工明白，企業處於困境就等於他們正處在困境之中。於是，斯泰克把公司的股份按一定比例分發給員工，這當然讓員工們很高興，並開始關注他們手中的股份到底值多少錢，可是不久之後，他們就察覺到嚴峻的形勢與危機。

斯泰克說；「看到他們憂心如焚的樣子，我反而感到輕鬆了。其實我和他們一樣焦慮，但是我在會議上，表現的比誰都樂觀，比誰都堅定，我們把財務情況向他們公開，由經理向他們講解財務報表中每一項內容的意義，和他們談我們的計畫。大家也開始發揮他們的力量。總之我感到他們漸漸和我們站在一起，成為參賽的隊員。」

一九八三年的斯普林菲爾德公司還是一家惡性負債的高危機企業，一百一十九名員工，年營業收入

六百萬美元。現在，這家公司擁有七百五十名員工，高達八千三百萬美元的年營業收入，員工手中的股票從一張「欠單」變成真正的財富，員工持股計畫讓他們擁有這家公司的三十一％的股份。

【原文】

無信者疑，人休蔽之。

【譯文】

沒有信義的人，對別人也總是充滿懷疑，所以我們不要因為他們的疑心而被蒙蔽。

【原文釋評】

「去偽存真」看似簡單的一句話，其實運用起來難上加難。這需要非常敏銳的觀察力、極度準確的判斷力，另外還需要超強的抗干擾力。對於一件需要加以研究的事情，我們大多會徵求一下別人的意見，可是我們往往會得到許多不同的看法，有時不但不能給我們明確的提示，相反地，還會影響我們的判斷。

所以，我們不光要聽取別人的意見，同時也要分析提出意見的人。只有對那個人的背景與性格有一定的瞭解，才能正確理解他的思想與意見。

【案例解析】

善於剔除假象與謊言

這個社會之中，我們隨時都置身於假象與謊言之中，有些是善意的，有些是無意的，有些則是惡意的。當然，我們也在製造一些假象，並說一些謊言給別人，有時是對手，有時是朋友。

據哈佛商學院的一個統計報告宣稱：在當前經濟社會下，人們收到的各種媒體資訊，真實性往往不到一半，在商業環境下比例還將更低。所以，我們必須具備一定的分析力與判斷力，而管理者更需要在這方面加以提高。

美國福特汽車公司曾經得到一個情報，市場上需要一種超實用主義的駕駛座設計，即在駕駛座中增加許多功能奇特、稀奇古怪的裝置，這樣可以吸引大眾的喜愛。

於是福特很快推出這樣的產品，然而，事與願違，這款產品的銷售情況十分糟糕，經過反省，才發現這個「情報」竟然是市場部主觀臆測的假資訊，根本沒有做過完整的市場調查。此事一時成為美國商業界茶餘飯後的笑料。

與之相反的一個案例是，七十年代初，義大利城市巴里的居民，還保持比較固定的生活習慣，甚至連穿鞋都大多是同一種風格的。這種鞋的風格是幾十年前的老樣式，「BALLY」鞋業公司對這個城市做了一個調查，調查結果是當地人對舊式的東西習以為常，沒有購買新式樣鞋子的欲望。

然而，公司的高層在經過進一步的調查分析與試點銷售之後，發現該城有很大的銷售空間。之後，他們的鞋大量進入巴里，漸漸獲得當地人的接受與喜愛。

冷靜處事

明智的人，絕不僅僅是智商高於常人，更重要的是他的心理控制與情緒克制上也超過常人。否則，你就可能被感情所左右，而偏聽偏信，被對方「欺心」，以致判斷失誤。所以，不管面對什麼樣的事與人，給了你怎樣的心理影響與精神刺激，你都要克制自己的情緒，冷靜地分析與思考。

【原文】

詭不惑聖，其心靜焉。

【譯文】

陰謀與詭計，很難迷惑聖明的智者，因為聖明的人，擁有一顆冷靜的心。

【原文釋評】

面對工作中紛繁的事務與複雜的人際關係，管理者應該具備一種以自我為中心的泰然態度，不要讓其他的因素給自己太多的干擾與影響。在這些因素中，感情用事是最常見的一種。雖然每個人都不可能沒有情緒上的波動，但是作為一名管理者，具備良好的心理素質十分必要，你必須要學會控制自己的情緒，在任何情況下都要使自己冷靜下來。即使在你需要表現的慷慨激奮、或是動情落淚的時候，你的內心仍然需要冷靜與客觀。只有這樣，你的辨別能力和判斷能力才不會在關鍵時刻失效。

【案例解析】

派克與克羅斯的較量

二十世紀九〇年代初，鋼筆市場的競爭十分激烈，派克公司與克羅斯公司是主要的競爭對手。為了在競爭中進一步拓展市場，派克公司任命新的總裁彼得森，由於種種原因，鋼筆的高價市場呈疲軟狀態，彼得森新官上任，有心做出一番成績，於是他有心開發新的市場方向。密切關注彼得森動向的克羅斯公司，決定利用彼得森的心態，開始他們的迷惑計畫。首先他們透過一定資訊諮詢公司，向彼得森提出「保持高價市場，大力開發中低價市場」的建議。這正中彼得森的下懷，於是派克公司組織力量，開始低價產品的開發與生產。克羅斯聞訊之後，故意裝出驚恐的樣子，緊急開會，打廣告，並派人去責難彼得森，說派克搶奪低價市場很沒有道德。競爭對手的惶恐，更讓彼得森堅定信心，於是派克推進低價市場，可是結果卻讓彼得森大失所望，市場反應很差。試想，派克鋼筆一直是高貴地位的象徵，人們購買派克筆不僅為了書寫，也是一種品味的表現，現在派克筆成為三美元一支的大眾消費品，也就失去以前的象徵，人們好像受到愚弄一樣，拒絕這種低價的鋼筆。克羅斯卻利用這次的機會，大力發展高單價、高品質鋼筆，收到不錯的成效。

從這個案例可以看出，假情報是很常見的鬥爭手段，我們隨時都可能被欺騙。彼得森急於表現，沒有冷靜地分析與思考，背棄派克的基本原則，才導致這次失利。

【原文】

正不屈敵，其意譎焉。

【譯文】

以正義為名的言辭是很難讓敵人屈服的，因為對方的思想本身就是詭譎狡詐的。

【原文釋評】

有時想說服一個人，是極為困難的。假如他本身就對你懷有敵意，儘管你可能用盡各種冠冕堂皇的理由，他依然不會接受你的意見。其實，富有社會經驗的人，應該知道，那些固執的人，其實不如想像中那麼難以勸說，只要方法得當，抓住他性格上的特點，一樣可以成功地改變他的看法。真正難以感化的人，是那些本身就多疑狡黠、對所謂的信念毫無興趣的人。對待這樣的人，再多的語言交流與感情觸動都可能是白費，還不如以利益和他做交易，或是以暴力懾服他簡單有效。

【案例解析】

小人的下場

遇到毫無誠信、詭譎多變的小人，的確是一件煩人的事情。有時你幾乎想不到任何有效的方法來對付他們。如果你費盡心思，尋求萬全之策，其實是自討麻煩。首先，這樣的人，沒有必要花你太多時間來拉攏他；其次，這樣的人大多重利而貪婪，或是沒有精神與骨氣，所以對付他們，或利誘，或威逼，這些最簡單的方法，也就是最有效的方法。

三國後期，蜀國後主劉禪昏庸無能，親信小人。宦官黃浩，就是蜀主劉禪最寵信的紅人。黃皓為人刻薄，貪婪成性，尤其喜歡收刮錢財。此時，蜀國大將姜維一心繼承諸葛亮的遺志，北伐中原，所以長年在外用兵，和蜀主劉禪相處的時間很少。

在一次北伐中，姜維屢次大敗魏國大將鄧艾，北伐形勢十分樂觀。正在鄧艾一籌莫展之時，有人獻計，可以利用劉禪身邊的小人，來離間蜀主劉禪與姜維的關係。鄧艾得知有黃皓是這樣的小人之後，大喜過望，於是派人給黃皓送去大量的金銀財寶，請黃皓幫忙。黃皓是一個見錢眼開的人，絲毫不會考慮國家大義，為了能得到這筆財寶，他跑到劉禪面前施展離間計，誣陷姜維擁兵自重意圖謀反！劉禪聽信黃皓的話，急忙召回姜維。姜維深知劉禪已經懷疑自己，於是不得不率軍到遝中去避禍。

後來，鄧艾率輕兵走陰平小道，奇襲蜀國成功，劉禪被迫投降。鄧艾佔領成都之後，黃皓想來請功。但是鄧艾卻沒有理他，反而把他殺了。因為鄧艾知道，這種小人，只能送給敵人，不能留給自己。

【原文】

誠不悅人，其神媚焉。

【譯文】

講實話未必會讓對方高興，因為對方的想法大多希望得到你的讚美和討好。

【原文釋評】

不是所有人都喜歡聽實話，事實上，大多數人都只喜歡聽好聽的話，而不是真實的話。說實話，需要勇氣；接受現實，也需要勇氣。如果你面對的人，沒有這樣的勇氣，你大可不必實話實說地惹對方不高興，或是讓對方難堪。人際交往是一種藝術，所以你必須靈活機動地處理，所以你要記住，即使是真理，在錯誤的時間、錯誤的地點說出來，也可能成為謬論。

【案例解析】

誠實帶來的麻煩

西漢的汲黯，是漢武帝時期的重要大臣，他為人剛直正義，敢講真話，做事直來直往，從不顧忌。而且他為人和做官都不喜歡拘於小節，講求實效，十分務實，所以他在執政時，政績十分突出。這讓他在地方為官時，總可以獲得不錯的成績，每到一年，就能把到那個郡治理的井井有條。因為其政績出色，朝廷把他調到中央任職，當上主爵都尉，專門統管全國的地方官員的任免，權力之大，可謂榮極一時。

可是汲黯直率的性格，不適合待在皇帝身邊。有一次，漢武帝在聽取儒家思想之後，一時心血來潮，揚言要推行儒家仁義之政，要為老百姓多做好事。汲黯聽到以後，頗不以為然，當著漢武帝的面就說：「陛下您內心貪婪多欲，卻好大喜功，總愛做面子上的文章。像這樣假裝實行仁政，又是何苦呢？」這句話把漢武帝的話堵住了。漢武帝萬分尷尬與惱羞，當即宣布罷朝，武帝回到宮裡以後，向身邊的人抱怨說：「汲黯這個人也未免太直率了吧！」

雖然漢武帝沒有因此而治汲黯的罪，但從此以後汲黯的官職再也沒有提升。以前那些汲黯手下的小官，都比他升的高。後來有一天，漢武帝和汲黯聊天時，問起汲黯對朝廷提拔官員有什麼看法。汲黯指著一堆柴木說：「陛下用人，就如劈柴，後來居上啊！」

【原文】

自欺少憂，醒而愁劇也。

【譯文】

自欺欺人雖然可以減少憂愁，可是清醒之後，憂愁會更強烈。

【原文釋評】

自欺欺人雖然是一種很有效的自我麻痹方法，但卻無助於解決問題，而且往往還會貽誤時機。等你清醒過來之時，殘局可能已經難以收拾，這會給你帶來嚴重的後果與痛苦。所以，選擇自欺的方法來逃避，是懦弱的表現！對於管理者而言，是不能容忍的性格缺陷。敢於面對現實，才是真正的強者。

【案例解析】

積極解決問題

無論出現怎樣的問題，只要積極地面對，正確地處理，不僅可以「亡羊補牢」，而且可能「逢凶化吉。」

美國的禮來製藥公司，在全美十分有名，因為效果好，安全性高而深受消費者的歡迎，有很高的市場佔有率，然而一次突發的事件，卻差一點擊垮這家大公司。因為一名用藥者，在吃過兩片該公司的安眠藥後身亡，引起了軒然大波，死者家屬也一紙訴狀，把公司告上了法庭。面對這樣的的危機，該公司緊急成立專項工作小組，首先他們透過新聞媒體表示，他們將以積極的態度妥善處理此事，向死者家屬表示道歉與安撫，並聲明無論原因是否與公司藥品有關，他們都將負責死者的善後事宜。接著公司誠懇的請司法部門介入，對死者的胃液、安眠藥以及藥瓶進行化驗。透過化驗，真相得以大白，原來死者不是因為吃安眠藥死亡的，而是誤食其他的藥品。但是公司依然為死者給予一筆安慰金，做為人道上的幫助，同時立即透過各種媒體發布消息。為了避免發生類似事件，他們還特別改變藥品的形狀與顏色，以免與其他藥品混淆。此次風波之後，公司的形象得到大家的好評，市場佔有率得以保持。

【原文】

人欺不怒，忿而再失矣。

【譯文】

如果別人欺騙你，請不要忿然發作，不然你還會失去更多。

【原文釋評】

這是欺心術的最後一句，堪稱經典。我們在欺騙別人的同時，也必須做好被人欺騙的心理準備。當然，也許你沒有欺騙別人，別人也一樣會欺騙、欺負、甚至欺侮、欺壓你，此時的你，尤其要注意克制自己的情緒。儘管這可能十分痛苦，但是堅忍與克制是一種以退為進的心理能量，如果你沒有這樣的心理能量，任由自己暴跳如雷，衝動地採取報復行動，你可能會因為這樣的盲目與衝動付出更多的代價。

【案例解析】

張儀欺楚

戰國時期，為秦國出力的縱橫家張儀，為了阻止楚國與齊國聯合對付秦國，來到楚國遊說楚懷王，希望他能與秦國聯合。張儀一邊挑撥齊楚之間的關係，一邊用秦國的土地收買楚懷王，張儀說，如果楚國和秦國聯合，與齊國絕交，秦國的商於六百里土地就送給楚國。楚懷王覺得有利可圖，就輕信了張儀，楚王身邊的一些能臣，覺得張儀不可靠，勸楚懷王不要聽信張儀的花言巧語，但是楚懷王已經被張儀迷惑，聽不進他們的勸告。於是楚國和齊國斷交，並派人跟隨張儀到秦國來接收商於的土地，楚王還授予張儀相印。

回秦之後，張儀一連三月稱病不入朝，跟他一起來的楚國使者根本沒有得到見秦王的機會，土地也拿不到。張儀派人對楚懷王說，秦國怕楚國和齊國沒有徹底斷交，所以才不敢把土地給楚國。楚懷王於是又派勇士到齊國，在齊王面前大罵齊王。這下齊王被激怒了，徹底與楚國結怨，甚至派人到秦國，與秦國聯合一起對付楚國。目的達到了，張儀這才出來，對使者說，我的封地有六里，送給楚王好了。使者說：「我是來接收商於六百里土地，不是你的六里土地。」張儀笑道：「商於之地，是秦國的領土，不可能給別人，楚王一定聽錯了。」

使者回到楚懷王那裡，把事情原委一說，楚懷王瞬間就爆發了，大罵張儀是出爾反爾的小人，馬上就要發兵討伐秦國，找張儀算帳。陳軫、屈原等一些大臣勸他不要急於用兵，可是楚王在盛怒之下，一心只想報復，完全聽不進別人的勸告。可是秦國對此早有準備，在軍事上做了充分的部署，而楚軍倉促出兵，準備不足，雙方在於西元前三一二年在丹陽展開大戰，結果楚國大敗，楚軍將領共七十餘人被俘，八萬戰士被消滅，漢中郡也被秦奪走。戰敗消息傳來，楚懷王簡直氣的發昏。在狂熱的復仇情緒的支配下，他再次調動楚國全部軍隊進攻秦國。由於孤軍深入，再次敗於藍田。此時韓、魏兩國又乘機進攻楚國，一直打到鄧邑。楚國腹背受敵，急忙撤軍，只好割了兩個城邑向秦國求和。

第五章：縱心術

設定目標

沒有目標指引的管理，猶如失去方向的航行，儘管依靠慣性好像在向前行駛，然而卻可能只是在空耗時間與精力。當然，每個人都明白設定目標的重要性與必要性，然而如何設計目標，卻不是每個人都擅長的。過低或過高的目標都沒有太大的意義。作為一名管理者，你必須對自身以及自己團隊的情況，有一個正確且準確的認知，只有在這樣的認知基礎上，才能根據實際情況設定目標，進而進一步制定實施的計畫。

【原文】

國盛勢衰，縱其強損焉。人貴勢弱，驕其志折焉。

【譯文】

國家雖然龐大，但是國運衰敗，如果執意逞強必然會帶來損耗。身分雖然顯赫，但是運勢不濟，如果還志驕氣傲必然會遭遇挫折。

【原文釋評】

有時認清別人很容易，認清自己卻很困難。一個人如此，一個企業如此，一個國家也是如此。國家看似強盛的同時，應該看到社會隱藏的衝突與危險；一個人看似高高在上，更要當心那些不利的形勢與憂患。如果不能有一個清醒的自我認識與形勢分析，心浮氣躁，盲目樂觀，在這樣的情況下設定目標，倉促行動，往往會帶來失望與挫敗。所以，設定目標必須注意的一點就是：務實！

【案例解析】

務實的目標

管理者和決策者猶如服裝設計師，要為自己的顧客量身訂做美觀、合適的衣服。因此，制定公司的發展目標與奮鬥方向，管理者與決策者也必須為公司量身訂做。

旁氏集團，是一家世界知名的化妝品企業，它的經營策略尤其表現出制定市場戰略目標的藝術性，它們的戰略靈活而務實，隨時根據市場的需求而進行修改，快速且準確。《富比士》雜誌在介紹旁氏公司的董事長拉爾夫・沃德時，有這樣的評價：「雖然沃德先生有能力實施壟斷式的銷售策略，但是他謹慎務實的性格，讓他的每個目標都顯得如此切乎實際。他完全可以玩一百萬美元的促銷遊戲，可是他卻更偏向於去小市場捕捉那些正在打瞌睡的商家。」務實的目標，靈活的方式，讓旁氏公司在化妝品市場中扶搖直上。

在制定銷售策略時，旁氏的習慣是做兩次以上的市場調查，而且他們的調查十分全面和深入。整個過程絕不許有絲毫的馬虎。因為務實的基礎就是掌握真實的情報。旁氏總是希望抓住主流的客戶，他們生產各種的產品，更關注普通人的消費習慣。所以，旁氏一直受到廣大普通消費者的青睞。所有這些，都讓旁氏佔據越來越大的市場佔有率。

沃德曾經對自己的下屬們說：「好高騖遠的目標與口號，雖然顯得魅力十足，卻不能讓你賺錢！」

欲擒故縱

有時企業管理與戰爭一樣，充滿人與人的較量，如果在管理過程中，能掌握主動，收放自如，基本可以確保你立於不敗之地。然而，如何搶奪並保持主動權，卻是一件讓人煞費苦心的事。巧妙的鬥爭高手，知道如何控制局勢的節奏，時鬆時緊，欲擒故縱，讓整個局面顯得撲朔迷離，令人捉摸不定，他本人卻遊刃有餘。

【原文】

功高者抑其權，不抑其位。

【譯文】

對功高勢大的人，要抑制他的權力，而不要貶抑他的榮譽和地位。

【原文釋評】

自古在人際鬥爭中，講究避實就虛，掌握鬥爭的主動。如果可以做得不動聲色，既佔了便宜又得了事理，讓對手無話可說，那便可謂藝術性十足。古代朝野之間，這樣的鬥爭案例數不勝數，李義府從統治者的角度出發，提出「抑權不抑位」的策略，正是基於這種避實就虛的思想。權是實，位是虛。給他高位，卻不給實權，明升暗降，讓對方有苦難言，你卻佔得主動，在世人面前，也不理虧。

【案例解析】

明升暗降

三國時期，魏國的魏明帝去世，年僅八歲的曹芳繼位。此時的魏國朝政由太尉司馬懿和大將軍曹爽共同執掌。曹爽是宗親貴冑，血統高貴，在朝中地位無人可及，而且手下還有一群頗有才學的智囊團；司馬懿也是功高蓋主，出將入相，當年率軍力抗蜀漢的諸葛亮的北伐，為魏國立下赫赫戰功，大臣之中沒有誰的功勞可以與之相比。

然而，一山難容二虎。身為皇親的曹爽一心想獨攬大權，不允許讓異姓的司馬氏分享權力。於是他的智囊團給他出了一個主意，用「明升暗降」的手段剝奪司馬懿的兵權。曹爽聽從這條計策。第二天曹爽奏請天子，大讚司馬懿多年來為魏國盡心盡力，勞苦功高，並請求魏帝體恤司馬懿年長功高，升司馬懿為太傅。三國時，太傅一職可謂是一人之下，萬人之上，具有極高的政治地位和榮譽，可是，榮譽歸榮譽，太傅卻是一個沒有實權的官職。

魏帝以為曹爽是一片好心，於是答應曹爽，封司馬懿為太傅。太傅這個官職雖然比太尉高，但是太尉手握全國兵權，可以調動軍隊，是一個掌握實際權力的位置。曹爽用這樣輕鬆的一招，以「太傅」這個閒職，換取司馬懿手中的百萬大軍歸為己有，可以說做得十分巧妙。司馬懿失去兵權，歸家賦閒，魏國的全國兵馬由曹爽一人掌握。

【原文】

名顯者重其德，不重其名。

【譯文】

對名聲顯赫的人，要注重他的品德，而不要看重他的虛名。

【原文釋評】

「盛名之下，其實難符」。名聲太大，有時反而成為包袱，更何況還有許多名不副實的情況存在。

所以，我們認識一個人，不能僅僅根據傳聞來主觀臆測，要知道，名聲只能代表過去，不能代表他永遠都能適應當前的形勢。真正有水準的人，他最值得自豪的不是身外的虛名，而是他自身的素質，這種素質包括優秀的品德、心態、方法、能力，只有這些才能使他不斷的提高與進步，適應發展的形勢。

【案例解析】

給員工公平的機會

在人才的選用之上，我們往往喜歡選擇那些名聲大的人物，並且在工作中對他們青睞有加，這當然無可厚非，畢竟他們因為從前的傲人業績，理應受到尊敬，可是不表示他們就應該高人一等，破壞整個集團的公平機制。

美國德州的利昂德石油公司的業績管理經理雷丁先生，就提倡對所有的員工施行公平相等的激勵制度。雷丁說：「許多剛到我們公司來的人，往往是一些在同行業中成績顯著的人物，他們富有經驗與能力，在業界口碑很好，但是他們卻往往要求得到高於常人的待遇。可是我會對他們說，夥計，我們的激勵機制很公平，這對你來說最有利不過了。你已經擁有這麼多的優勢，所以根本不用我對你特別照顧。放心吧，你很快就能賺大錢。」

利昂德石油公司的業績管理高度透明化，每天的大型電子告示牌使員工們對自己和同事們的業績情況一目瞭然，這確保公司公平的環境。這樣的環境下，幾乎很難進行黑箱操作，員工們也對這樣的公平體制十分放心，他們明白，要多賺錢，只有多做出業績。正是基於這樣的公平體制，使員工心無旁騖，一心把精力放在提高業績上。

【原文】

敗寇者縱之遠，不縱之近。

【譯文】

對遠處的敵人可以略為放鬆，但是對於近處的敵人，卻不可放縱。

【原文釋評】

人無遠慮，必有近憂。有時我們不得不隨時對身邊的形勢保持高度的警惕，即便你此時大勢已定，而對方只是你的手下敗將，也不可掉以輕心，安然高臥。當然，這不是讓你過分敏感。對事務也好，對人物也罷，需要分出輕重緩急，再按序處理。古人云：「臥榻之側，豈容他人酣睡？」身邊的威脅，當然是最需要高度重視的問題。肘腋之患，蕭牆之禍，是最可怕的危險，絕不能有一點大意與縱容。

作為企業的管理者，應該比其他人更有憂患意識，居安仍需思危。不要以為危險是遙不可及的事情，其實往往真正的威脅就在你的身邊。陷入困境，或導致失敗的因素很多，但它們都多多少少會顯露出一些跡象，例如，你的企業過分依賴某一個大客戶，但是它卻突然出現問題；公司中的人事出現混亂的局面，似乎同一件事有幾個人在負責，有的事卻沒有人來管理；你的競爭對手似乎總能猜到你的下一步，並且處處搶先；你一向保持良好的銀行信貸記錄，可是突然和銀行的關係變得十分緊張等這些情況，都可能在提醒你，危險已經來到你的身邊。

【案例解析】

留意身邊的危機

知名飲料生產商可口可樂，是一家擁有傳奇故事的大型跨國企業。可口可樂公司歷經多次艱難，無論是美國的金融危機，還是國內的經濟低潮，公司總可以安然渡過危機，在面對危險時，可口可樂擁有十分珍貴的經驗。

公司常常進行危機教育，以確保每個公司管理者都有處理危機的必要能力。公司曾經進行過一次中高層管理人員的討論會議，公司總裁艾華士親自主持這次論壇。久經沙場的他，根據自己在處理公司危機中的一些心得，在發言中總結以下幾點：「一、企業發展必須多元化；二、不要只關心當前利益；

三、推卸責任是危機管理的最大弊病；四、久拖不決會導致危機進一步惡化；五、預防比處理更為重要，在事態沒有更嚴重之前，就要迅速解決。」

艾華士曾經成功地解決比利時出現的可口可樂中毒事件，處理速度之快，令人嘆服。當時整個比利時剛剛出現四起飲用可口可樂中毒事件，身在美國的他已經來到事發地，並馬上組織賠償與安撫，請來專家調查情況，對同一批次的產品全面檢查。在得出相關結論之後，立即向媒體說明原因。同一時間內，他利用一天的時間回收當地所有的可口可樂，遏止新的中毒事件。在問題處理結束以後，他還在媒體面前，親自喝了一瓶可口可樂，他的這張照片傳遍世界。隨著各國對可口可樂的禁令的解除，可口可樂也安然渡過危機。

【原文】

君子勿拘，其心無拘也。小人縱欲，其心惟欲也。

【譯文】

君子不必受到拘限，因為他的心沒有拘束；小人喜歡放縱自己的欲望，因為他的心裡只有欲望。

【原文釋評】

現代生活中，很難區別真正的君子與小人，不過從李義府的這句話來看，君子與小人的最大不同就在於，君子富於自由的人格與思想，小人則受制欲望的壓力與驅使。

當然，人性是複雜的，不能簡單的用君子與小人來概括，但是從現代管理學的角度來看，可以做出這樣的認識：每個人都有自己的人生理念和情感取向，或希望自主獨立，或一心追逐目標。所以用人之道也需要靈活機變，關注員工的心理需要與感情慰藉，使用最能激發其動力的激勵機制，這樣才能高效的駕馭你的屬下。

【案例解析】

用感情管理激發員工的熱情

西方的管理學者認為：「有效的領導，能夠最大限度的影響跟隨者的思想、感情，以至本身的行為。」人是富有思想的高級生命，每個個體擁有相對固定的生活方式、思考方式、思想體系，同時也有情緒和感情。如果僅僅依靠簡單的物質激勵員工，而不顧及工作者們的感情世界，是不夠的。如何從員工的心理出發，激發他們積極的情緒與心態，是管理者不可忽略的工作內容。

斯特松公司可以算是美國最老牌的製帽廠之一。但是曾經一段時間，該企業的情況十分糟糕，產量少、品質差、公司內部關係緊張。企業高層不得不於一九八七年聘請當地的一位管理學專家切爾曼作為顧問。切爾曼在廠裡進行全面地調查，結果顯示：員工們對工會和管理階層缺乏信任，員工之間也幾乎沒有交流，公司裡面沒有溝通的管道，也沒有任何增進彼此情感的娛樂活動、缺乏福利制度，員工們對基層領班更是極度敵對，由於領班對下屬的惡劣態度，工人們常常會把氣出在機器上。

在認清問題的所在之後，切爾曼與一些有所覺悟的管理人員開始著手改革，首先他們實施一套全面的溝通措施，其次加設企業文化活動平台，為工人們準備日常的飲料與零食，並且親自逐一到員工們的家中走訪作客。切爾曼的改革僅在四個月後就顯示出成效。員工們不但拋棄對企業的敵對心態，而且也開始表現出團隊精神，生產能力也得到提高。感恩節前夕，切爾曼和公司的最高層領導親手向全體員工贈送火雞，第二天，他們收到員工的一張很大的簽名致謝卡，上面寫著「謝謝把我們當人看待」。

有得有失

人生難得十全十美，面面俱到。為人也好，為官也罷，不可能把好處佔盡，所以要懂得有得有失的常理，在衝突與抉擇時，權衡利弊，抓大放小，奪取實質的利益。不要拘泥於太多的人情世故，或是患得患失，舉棋不定，那樣只會貽誤時機，累及自身。

【原文】

利己縱之，利人束之，莫以情易耳。

【譯文】

有利於自己的人或事，要扶持縱容；只對別人有利的人或事，則要約束管理。不要因為感情和內心的不安而改變這個原則。

【原文釋評】

人是屬於社會的動物，尤其在一個充滿競爭的社會當中，人與人之間的相互箝制與約束是不可避免的，而不斷壯大自己是生物的本能，所以在鬥爭之中，必須把利益與成敗放在一個首要的位置，不要一邊想爭利，一邊心又太軟。如果你真的把這種「感情」看的重於利益，明智的選擇是不要參與這樣的爭逐。否則，你將成為角逐的犧牲者。

【案例解析】

鴻門宴上的仁慈

自古鬥爭，最忌「婦人之仁」。即使你想表現自己的仁厚，那也必須在獲得勝利，立於不敗之地之後。只有那時，你才有資格給予別人慷慨與慰藉。局勢混亂，勝負難料之時，你唯一要做的就是不斷為自己爭取最大的利益，利己者用之，不利己者去之。猶如體育賽場，利用一切有利於自己的條件，並儘量控制對方的發揮。此時容不得你手下留情，因為你的心軟，會成為你的感情負擔，甚至會造成最終的敗局。

秦朝滅亡後，各路反秦勢力，準備逐鹿天下。此時最強大的勢力是西楚霸王項羽，而他最大的威脅是劉邦。所以，項羽的謀士范增勸說項羽找機會殺掉劉邦。當一路凱歌高奏的項羽大軍準備進入關中地區之時，遇上先入關中的劉邦軍。於是項羽請劉邦到鴻門來赴宴，想藉機殺掉劉邦，此時的劉邦實力大大遜於項羽，不敢不從，只好冒死赴會。

劉邦是一個很會打感情牌的人，他看準項羽喜歡感情用事，於是對項羽展開心理攻勢，一邊把關中的成功果實拱手相讓，一邊又顯得謙遜卑恭，和項羽稱兄道弟，把項羽捧為英雄。此時的項羽自我膨脹，儼然把自己當成完美的英雄人物，甚至慚愧於自己剛才的卑鄙想法，感情戰勝了理智，忘記劉邦是自己潛在的敵人。於是在鴻門宴上，項羽一時心軟放過劉邦，也錯失殺劉邦的最好時機，但等待他的卻是為時四年的楚漢相爭。最後，項羽敗給了劉邦，在烏江邊自刎。劉邦下令，凡交出項羽人頭者，懸賞千金萬戶侯，於是部下們為了爭奪項羽的屍體，而把死後的項羽分屍，拿去領賞。

【原文】

心可縱，言勿濫也。

【譯文】

你可以隨心所欲地思想，但是不要輕率隨便地說話。

【原文釋評】

孔子告誡自己的學生：「敏於事而慎於言。」身處在複雜的人際環境之中，如果能做到多思考，少說話，的確可以減少錯誤的發生。話說得太多，不僅會惹來一些不必要的誤會與麻煩，而且還會暴露你的想法，讓別人更容易捉摸你的內心，這對於你來說是極為不利的。所以，在想法上可以儘量地活躍，但切記不要說得太多，否則言多必失！

【原文】

行可偏，名固正也。

【譯文】

你可以做背離道義的行為，但一定要給自己的行為找到名正言順的理由。

【原文釋評】

無論做什麼事情，都講究師出有名。即使你正在做一件和道義毫不相干、甚至是違背道義的事，都不能在世人面前丟掉「正義」的大旗。作為企業的管理者，也要切記這條原則，把企業的形象與宣傳放在一個重要的位置之上，給自己和公司的每一項行為都披上華麗的道德外衣，以彰顯你的所作所為，絕對是站在正確的理論之上的。

【案例解析】

清軍入關的旗號

自明萬曆年間開始，滿洲的女真族政權後金一直與明王朝為敵，並且多次發生戰爭。之後後金改國號為清，一心想入主中原，併吞全國。

明王朝後期政治腐敗，國力衰弱，人民生活艱難，中原終於爆發大規模的起義，以李自成為首的起義部隊，在多年轉戰之後，攻入北京，明皇崇禎也自縊身亡。清朝看準此時的良機，於是由攝政王多爾袞率清軍主力入關，南下征服明王朝的江山。

然而有趣的是，一向與明朝為敵的清軍，此時為了師出有名，平撫漢族民眾的心，竟打出為明王朝復仇的旗號，藉口是明朝大將吳三桂向清朝借師助剿。多爾袞在給吳三桂的信中寫道：「予聞流寇攻陷京師，明主慘死，不勝髮指。因此率仁義之師，沉舟破釜，誓不返旋。期必滅賊，出民於水火。」信中一副大義凜然的模樣，哪裡看的出侵略的野心。

於是，在這樣的旗號下，清軍名正言順的進入山海關，高舉剿匪復仇的大旗，擊潰李自成的起義軍，並且佔領北京，把清朝皇帝順治也接到北京。之後，清軍鐵蹄踏向全國各地，最終完成入主中原的夢想。

第六章：構心術

善於把握全局

管理是一門綜合性的藝術，包含各種各樣的人際交往的內容，或溝通、或合作、或制約、或鬥爭，不一而足，變幻無窮。一項宏大的管理工程，往往會顯現出非常複雜和紛亂的情況。在這樣的情況下，局內的你，不能茫然其中，必須站在一個較高的角度，俯瞰全局，無論是人物、環境、還是形勢，都要對它們進行整體的認識與分析。培養自己把握大局、統領大局的能力，只有這樣，才不會因為局中的紛雜情況而迷失方向。

【原文】

富貴乃爭，人相構也。

【譯文】

富貴權力需要靠爭取才能得到，為此，人們不惜相互陷害和攻擊。

【原文釋評】

所謂「人為財死，鳥為食亡」。很少有人能在權力與財富面前抵抗誘惑，在這種誘惑的驅使之下，他們可能會變得面目全非，唯利是圖，忘記自己的為人原則與道德底線，變得不擇手段，喪失良知。這些人，可能是我們的對手，也可能是我們的同伴。

儘管有時我們不願意置身於這樣的鬥爭之中，但是迫於各種壓力與形勢，我們不得不參與其中，甚至還會拼得你死我活。

所以，我們必須對其他人做最壞的打算，對自己的工作做最艱苦的準備。一旦置身於這樣的環境中，我們應該讓自己站在高處，理智的分析當前的局勢，而且需要有總攬全局的寬闊心胸，以平常心看待人與人之間的鬥爭，相互攻擊也好，相互傷害也罷，無非是以利益為槓桿的互鬥。掌握這樣的原則，其實許多問題都顯得簡單。

【案例解析】

郭嘉的預言

大凡優秀的指揮家與管理者，都洞悉人性的優劣之處，從人性出發，臆度事態的發展，所以他們往往可以料事如神，預知在先。

三國時期，建安四年（西元一九九年），曹操於官渡一戰擊敗袁紹，奠定了中國的北方戰局。之後，曹操揮師北上，克定冀州，佔領袁紹的領地。袁紹也一病而死，袁氏集團徹底分崩離析。曹操又乘勝追擊，分兵奪取幽、青、并三州。袁紹的兩個兒子袁熙與袁尚，為了躲避曹軍，逃到烏桓，但是遭到曹軍的追擊。曹軍部隊跨越荒原，深入烏桓腹地，擊殺烏桓王，消除了一個隱患。袁氏兄弟，則趁亂軍之中，又逃到遼東太守公孫康處避難。

曹操本來想發兵東進，到遼東繼續追擊袁氏兄弟，但是他的謀士郭嘉，在病死前卻留給了他一封信，信中告訴曹操，切不可發兵遼東。信中寫道：「袁紹與公孫康關係一直不和，公孫康也一直擔心袁氏會併吞遼東，他必然不會真心幫助袁氏兄弟。袁氏兄弟投奔公孫康也只是一時避難，其實他們很想霸佔遼東地區。如果您出兵遼東，他們會為了對付您而聯合起來，一時很難攻取。但如果您按兵不動，他們反而會自相殘殺。公孫康是遼東之主，袁氏二人必不是他的對手，所以主公您不必費一兵一卒，公孫康自然會把他們的人頭送給您的。」

結果不出郭嘉的預料，看到曹軍沒有追來，以為已經安全的袁熙、袁尚兩兄弟和公孫康，都開始謀劃除掉對方。戲劇性的是，雙方都想利用酒宴之時下手。後來公孫康搶先一步，先準備妥當，在宴席後埋伏刀斧手，只待袁氏兄弟入席後，便一湧而上，將二人一併殺了。公孫康為了討好曹操，以示與袁家沒有瓜葛，特意將他們的人頭獻給曹操。

【原文】

生死乃命，心相忌也。

【譯文】

人的生與死依賴命運的安排，所以人們會對此特別的忌諱和敏感。

【原文釋評】

中國自古有「生死有命」的思想，好像在一些關鍵的時刻，往往會有難以預料的情況發生，進而改變整個態勢的發展，讓人感到一切似乎於冥冥中自有安排。因為這種不確定因素的存在，所以人們在面臨巨大抉擇之時，往往充滿複雜的心理，對成功感到可遇而不可求，連被奉為智慧化身的諸葛亮也發出過「謀事在人，成事在天」的慨歎。可見，在人們的心中，人的才智與力量，是難以與天命抗衡的，因此人們對「天命」十分敬畏和忌憚，決策時要占卜，出征前要祭旗，開春播種時要祭天。總之，每個人都希望能得到上天的垂青，進而心想事成，免遭挫折。然而，天命難測，世事無常，如果從現代科學的角度來看，所謂「天命」，更是缺乏科學依據。但是作為管理者與組織者，必須深入理解和善於利用大眾的心理，進而得到更多人的信任和追隨，讓他們感到，你正順應上天與命運的安排，事業將會有不可遏止的良好態勢。

【案例解析】

陳勝起義時的小招術

秦朝暴政，讓人民背負極重的徭役，統治者視民眾性命如草菅。人民早已不堪忍受非人的生活。終於，西元前二〇九年七月，在現在安徽、河南交界地區的大澤鄉，爆發中國歷史上有名的大澤鄉起義。

帶領起義的兩個人，名叫陳勝和吳廣。本來他們帶著一支九百人的農民隊伍，被秦政府徵用為戍卒，徵調去漁陽（今北京密雲西南）守邊。但是當他們到達蘄縣大澤鄉時，遇到連日的大雨，耽誤去漁陽的期限。按照秦朝法律規定，延誤期限將處以死刑。面對死路一條，陳勝和吳廣一商量，決定發動起義，只有這樣才能從死亡中殺出一條生路。

當時的人們對秦朝嚴酷的法令十分恐懼，沒有多少人敢向法令挑戰，於是陳勝和吳廣想到一個方法，他們在薄綢上，用朱砂寫下「陳勝王」三個紅字，把它裝在魚肚子裡。不知情的戍卒買來魚，剖開魚肚子，意外的發現魚肚子裡的薄綢和紅字，大家都感到非常驚異。到了晚上，吳廣又跑到附近神廟，點起燈籠，裝作狐狸的叫聲：「大楚興，陳勝王」。戍卒們聽到這叫聲，更加感到詫異。於是大家議論紛紛，談論著這件怪事。不少人暗自感覺，這是一種徵兆，天下將有大變，而「陳勝王」正是天命的暗示，意為陳勝將自稱為王。

在這樣的天命論的影響下，大家認定陳勝為他們的領袖，陳勝也尋機殺了押送他們的官兵，帶領這些戍卒，斬木為兵，揭竿為旗，正式起義。

【原文】

構人以短，莫毀其長。傷人於窘，勿擊其強。

【譯文】

陷害別人，應該針對他的短處，而不可針對他的長處。傷害別人，應該選在他窘迫之時，而不可選在他強盛之時。

【原文釋評】

鬥爭需要掌握方法，一味猛攻猛打，不一定會有好的效果。對付自己的對手，一定要有目的性，有針對性。必須針對對方的弱點和不足，給予最沉重的打擊，因為他的薄弱環節，才是他最致命的地方。而且，選擇時機也十分重要，如果你佔據有利的形勢，則必須珍惜，不能顧慮太多，利用對方處於低谷之時給予有力的攻擊。否則，一旦對方形勢轉強，你可能再沒有機會出手。商場如戰場，作為企業的管理人員，也要有軍事家般的敏銳判斷力和旺盛的戰鬥意志。面對競爭對手，如何打擊對方，強大自己，是企業高層們必須時時思考的問題。所以，一方面要發揮自身優勢，攻擊對方的劣勢，取得市場的主動，換取大眾的支持；另一方面，也要對自己的弱勢和不足，有清楚的認識，保持高度的敏感與警惕，以免對方抓住自己的短處而大做文章。

【案例解析】

避開鋒芒，尋機一擊

當自己的對手得勢時，一定要堅忍，等待時機，不可強取；等到對方失勢時，再發出致命一擊。明朝嘉靖時期的大貪官嚴嵩，深知官場鬥爭之道，他的最大對手名叫夏言，是一個才德兼備的大臣。他們二人，相互傾軋多年，一直沒有分出勝負。後來因為韃靼軍隊南下，作為首輔大臣的嚴嵩未能有效組織軍力，而無法退敵，所以嘉靖皇帝開始重用夏言。本來已經沉寂多年的夏言，馬上調兵遣將，收復韃靼軍隊南下的根據地——河套地區，並且修整一千五百里破損的長城。隨後，夏言的手下大將曾銑，又出奇兵，以數千鐵騎直搗韃靼老巢馬梁山，一舉擊潰敵方十萬大軍。

大勝之後，夏言在朝中可謂權傾一時，嚴嵩對這次勝利內心十分氣惱，可是表面上卻裝得十分高興，向夏言祝賀。因為以前嚴嵩是夏言的死對頭，為了得到夏言對他以前行為的原諒，嚴嵩父子竟然雙雙跪在夏言面前痛哭流涕。此時的夏言，十分得意，也就饒過他們，勸他們改惡從善。

自此之後，嚴嵩表現很謙卑，而夏言卻恃才自傲，對待朝中批文，夏言一向自做主張，從不顧及嚴嵩的意見。他們同在內閣辦公，每天吃飯時夏言桌上酒菜豐富，而嚴嵩力行節儉，只有一兩個小菜。皇帝讓他們寫青詞，夏言認為這是玩物喪志，沒有放在心上，讓府裡的幕僚代筆，草草了事；嚴嵩卻如蒙大恩一般，用心竭力。皇帝有時夜查辦公，看到內閣裡的嚴嵩手拿毛筆，埋頭審閱文案，口中還念念有詞，夏言卻在一邊蒙頭大睡。於是，慢慢皇帝對夏言沒有好感，再次信任嚴嵩。

後來，夏言因為替曾銑向皇帝索要「尚方寶劍」，而引起皇帝的猜疑，此時嚴嵩趁機連結多名官員，一起上書彈劾，終於讓皇帝罷了夏言的官。這次嚴嵩吸取以前的教訓，絕不給夏言翻身的機會，編造罪狀，將夏言處死。

【原文】

敵之不覺，吾必隱真矣。

【譯文】

如果敵人還沒有察覺到我方的真實情況，我們更必須隱藏好真相。

【原文釋評】

鬥爭較量，講究虛虛實實，度心之術，更是如此。一方面，我們要觀察對方的心理變化，深入瞭解對方實力；另一方面，也要保護自己的真相不被對方所知。採用迷惑的戰術，影響對方的判斷，歷來是兵家的常用伎倆，無論是盡力的掩蓋真相，還是特意的製造假象，總之，如果能促使對方做出錯誤的結論，我們就成功地邁出第一步。商場競爭中，也不乏放煙霧彈的案例，放出假情報，做出假動作，迷惑競爭對手制定錯誤的方案，再利用對方的失誤，及時出手，贏得主動。

【案例解析】

華爾街的情報

精明的企業家把商業資訊看成是指導和調節企業生產經營的重要參考。然而，商場之上，資訊戰從沒有停止過，許多企業的重大失誤都源於採用虛假的商業情報。許多商家為了迷惑對手，也會利用各種方式放出假消息，因此整個資訊網路中，充斥真真假假的情報，讓人難以判斷。

也許世界上再沒有哪個地方，會比華爾街更喜歡那些美妙而動聽的創業與財富故事了。在二十世紀九〇年代後期，也可能沒有誰會比朗訊ＣＥＯ——李奇・麥克金更會編故事了，他懂得如何為華爾街提供能登上頭條的爆炸性情報。作為回報，華爾街則把麥克金先生變成了明星式的人物。

儘管麥克金在華爾街表現出明星般的風采，可是他編故事的同時，朗訊的競爭對手北電網路也饒有興致的配合他，一起編起了故事。差別是北電網路根本沒有相信麥克金的故事，而麥克金卻因對手的故事而喜形於色。北電網路一直在和朗訊爭奪時間，希望搶先開發出一項新的光纖技術OC-192，該技術能夠加快語音和資料的速度。

可是北電網路做出一副專心股市的模樣，在關注華爾街麥克金的那些故事，而在技術開發上，北電網路表現出一副無能的姿態，讓麥克金極為開心。朗訊的科學家們，一直在催促麥克金加大OC-192的研發投入，以便早日向市場推出。

但是麥克金錯誤的判斷形勢，他沒有給予支持，相反地，他打算和對手在股市上決戰。誰知，北電網路突然率先推出OC-192設備，並且在市場推廣中大獲成功。此時麥克金才發現上當了，可是已經太晚了，因為這次變故，朗訊股價驟降八〇％以上，麥克金也從ＣＥＯ的寶座上走了下來。

度君子之腹

人是有個體差異的，有的人慷慨大度，為人爽朗；有的人心胸狹窄，為人狡詐。所以，我們在與人交往時，一定要瞭解對方的性情，這是進一步接觸的基礎。根據不同的人，採取不同的交往方式，有的人可以直言不諱，有的人就只能好言好語。當然，在我們的生活中，是不乏君子的，和這些人成為朋友，或是工作的夥伴，自然是一件輕鬆而愉快的事。所以。在和他們的合作中，應該多一些溝通和互助，這樣更有利於事業的發展。

【原文】

貶之非貶，君子之謀也。譽之非譽，小人之術也。

【譯文】

對你提出意見，其實未必是在貶損你，這是君子的作風。對你大加讚譽，其實未必是真心的稱讚，這是小人的伎倆。

【原文釋評】

忠言逆耳，良藥苦口。中肯尖銳的意見，往往讓人在情感上難以接受，但這不表示是在貶低和汙辱你，有時正好相反，這是對你善意的提醒與勸導。甜言蜜語，盛情讚譽，雖然令人心花怒放，但是也要當心這些美言是否出自於那些口蜜腹劍，陽奉陰違的小人之口，如果你不加辯識，把這些話當成真理，再美妙的語言都可能是毒藥。所以，無論別人說的是尖刻的批評，還是熱忱的讚譽，你自己必須保持一個清醒的頭腦，不可以因為自己的好惡而盲目下結論，應該從批評中吸取教訓，從稱讚中總結經驗。總之，對於一名真正精明的人來說，語言沒有好與壞的分別，只有「有用」和「沒用」的分別。

【案例解析】

鄒忌諷齊王納諫

鄒忌是戰國時齊國的貴族，他身高八尺，相貌堂堂，是當時有名的美男子。與他齊名的還有一個住在齊國都城北門的徐公。一天，鄒忌穿好朝服，在照鏡子時問妻子：「我和城北的徐公誰更英俊？」妻子回答說：「夫君如此挺拔，徐公比不上夫君。」鄒忌不太相信，於是又問他的妾：「我和徐公誰好看一些？」妾回答說：「當然是您好看了。」

有一天，一個客人來找鄒忌，鄒忌又問客人道：「我和城北的徐公比，誰好看一些？」客人對鄒忌說：「我看您要勝過徐公。」可是第二天，徐公本人來鄒忌家作客，鄒忌仔細看了半天，覺得徐公比自己英俊，然後又照鏡子，感覺自己遠遠比不上徐公。於是鄒忌暗自反思：「妻子之所以說我英俊，是因為愛護我；小妾之所以說我英俊，是因為害怕我；客人之所以說我英俊，是因為他有求於我。」

於是，鄒忌進宮見齊威王，進言道：「臣知道自己遠不如徐公英俊，可是臣的妻子因為愛護臣，小妾因為害怕臣，客人因為有求於臣，卻都說我勝過徐公。當今，齊國領土方圓千里，一百二十多座城池，宮中的嬪妃都愛護大王，朝中的大臣，都害怕大王，四海之內，每個人都要求於大王，因此大王您可能受到更大的蒙蔽啊！」

齊威王點頭說：「有道理。」於是，齊王下令：「不管臣民，凡當面向齊王提意見的人，都受到重賞；上書提意見者，可以受到中等的獎賞；而在外面議論齊王過失的人，如果被齊王聽到，也可以得到下等的獎賞。」

此令一出，大臣們都紛紛進諫，宮門人多的像鬧市一樣。幾個月後，偶爾還有一些人來提意見，過了一年，人們再也沒有意見可提了。齊國也因此，改進了許多不足，國勢強盛。連燕、趙、韓、魏這些國家，都來朝賀。

【原文】

主臣相疑，其後謗成焉。

【譯文】

主公與臣子之間相互猜疑，這時進行誹謗與誣陷，就很容易成功。

【原文釋評】

兄弟和而家業興，君臣和而國運興。一個團體，只有上下一致，精誠團結，才能開創嶄新的局面。反之，如果將相不和，君臣猜忌，內耗加劇，則是非常不祥的預兆，不但工作不能正常開展，而且還會給別人可乘之機，平時很難離間的關係，在此時都可能很輕易的被破壞。如果敵人此時施以造謠陷害，誹謗栽贓等伎倆，往往容易得手。結果不言而喻，自然是親者痛，仇者快，一敗塗地。

【案例解析】

在企業中建立信任的氛圍

一個企業如果內部缺乏必要的信任，同事之間、上下級之間相互懷疑，整個企業的員工們沒有一定的思想交流，企業成為一盤散沙，前途也就凶多吉少。造成人與人之間的不信任，最大的原因是想法沒有得到溝通，我不知道你在想什麼，你也不知道我在想什麼，出於自我保護的意識，大家往往會把不瞭解的人，想像的十分危險。這樣一來，就會進一步加劇人們之間的隔閡，不利於信任的建立。

尤尼西斯公司的行政總裁拉利，對企業內部的信任氛圍十分重視，他使得該公司的企業氣氛逐步變得充滿信任與理解。他認為：「成功的企業文化，本質就是建立一種有效的溝通與信任，在這樣的基礎上，才能愉快的合作。」

他上任之後，透過電視講話向全體員工表明自己的決心：「對於夥伴來說，最大的敵人就是誤會！因為誤會可能導致懷疑、猜忌、甚至仇恨。所以，假如出現一些誤會的情況，或是你不同於公司的想法，請發郵件給我，我會認真對待每一封來信。我會回答並且幫助你們解決問題。」

拉利的這一招產生了效果，員工們開始寫郵件給他，郵件的內容五花八門，但是拉利都親自閱讀，並且坦誠的回覆每一封收到的電子郵件。

有時候，他還會充當協調員，在知道某些員工出現衝突時，他以中間人的身分幫助他們消除誤會。慢慢的，整個企業內部出現輕鬆的環境，人們可以自由發表意見，同事之間、上下級之間分工十分清晰，每個人都清楚自己在幹什麼，夥伴們又在幹什麼。拉利期望的信任氛圍，逐漸成形。

【原文】

人害者眾，棄利者免患也。無妒者稀，容人者釋忿哉。

【譯文】

大多數人都會受到別人的傷害，只有放棄利益才可能免於災禍。極少有人不會受到別人的妒忌，只有心胸寬闊，對人厚道才能消釋別人對你的嫉妒和忿恨。

【原文釋評】

李義府所著《度心術》一書的大多內容，都是教導世人要積極進取，爭利為先，甚至不擇手段。然而，這兩句卻闡述另一種人生態度。李義府一生為官，幾起幾落，是善是惡，已難分辨，只是到了晚期，慘澹沒落之時，可能才真正體會到「棄利免患，容人釋忿」的道理。

所謂「退一步海闊天空」，在這個世界上，不受別人的嫉妒和傷害是很難的，既然要為富貴名利而爭，就要有受到攻擊的心理準備。然而，爭來爭去，也許到頭來，才發現一切只是雲煙，你真正希望的沒有得到。在這樣一場曠日廢時的角逐中，窮盡一生之力，費盡心思，可是獲勝的卻只是少數。

所以，對一些人來說，明智的做法，不是拚盡全力，勇往直前，而是要學會放手，學會寬容。「拿得起，放得下」才是大丈夫的氣魄。如果沒有名利的包袱，與世無爭。自然也就沒有敵人；退出戰局，自然也不會受到挫敗。有時候，鬥爭太複雜，也許最後根本沒有贏家；能夠不受傷害，一生平安，或許才是真正的贏家。

【案例解析】

耕夫的身分

回首中國歷史，往往會出現「狡兔死，走狗烹；飛鳥盡，良弓藏」的現象。漢高祖劉邦統一全國以後，就開始殺戮功臣；明太祖朱元璋在取得江山之後，擔心下屬有二志，更是大肆殘害大臣。

許多開國重臣，都死於非命。雖然伴君如伴虎，不過大多數大臣卻捨不得離開朝廷這個是非之地，畢竟拼命打下江山，榮華富貴就在眼前，豈能說丟下就丟下？

當然，朝中也有一些高明之士，深諳史學，明白「棄利免患」的道理，所以他們效仿西漢張良的做法，正在壯年之時便急流勇退，在獲罪之前便辭官還鄉，以避橫禍。

吏部尚書吳琳便是其中之一，他在朝中做事之時，一向恪守原則，沒有絲毫差錯。但他還是擔心皇帝治罪，於是告老還鄉，什麼東西也沒有帶，便回到家了。可是，即使吳琳已經離開朝廷，生性多疑的朱元璋還是不放心，於是他派了一名錦衣衛到吳琳的家鄉，查訪退休後的吳琳到底在幹些什麼。這名錦衣衛到了當地，因為不知道吳琳的家在哪裡，便向路邊稻田裡正在耕作的一名老農問路：「大伯，請問前吏部尚書吳琳吳老先生家住何處啊？」老農一聽，忙放下鋤頭道：「在下正是吳琳，不知有何貴幹？」……

回到朝廷後的錦衣衛向朱元璋報告這個消息之後，朱元璋這才鬆了一口氣，知道現在的吳琳整日忙於田園，並無異志，這才打消除掉吳琳的念頭，吳琳也逃過被殺戮的命運。

第七章：逆心術

言必信，行必果

作為一名成功的管理人員，你應該記住一條基本的原則：你是一個有身分的人，說話代表你的企業，所以每一句話都是有分量的！如果你不注重自己的誠信，你和你的話語都將失去他人的尊重。你會慢慢發現，你的命令沒有人會執行，你的承諾沒有人會相信，你的企業也將喪失公眾的支持。所以，恪守最大的誠信，堅守基本的原則，是成功的必要條件。

【原文】

利厚生逆，善者亦為也。勢大起異，慎者亦趨焉。

【譯文】

利益的誘惑足夠大時，人心就會變得貪婪而忘記道德，就算是一向善良的人也可能變壞。當自己的勢力足夠強大時，人心就會變得躁動而富於野心，就算是一向謹慎的人也可能衝動。

【原文釋評】

重賞之下，必有勇夫；香餌之下，必有死魚。當眼前的利益足夠誘人時，不是所有的人都有「放得下」的氣魄。相反地，在重金高位的吸引下，許多人往往喪失平常的心態，變得唯利是圖，貪婪無厭，甚至不惜踐踏人間的道德與法令。如果再佔據極有利的形勢，力量強盛，則更容易讓野心加速膨脹。這樣的心態，當然是十分危險的，往往巨大的利益，就是巨大的陷阱。作為管理者，你必須一直保持客觀與冷靜的心理狀態，你可以利用重賞、高位來誘惑別人，讓他人因誘惑而改變，但是你卻不能被誘惑所困擾而喪失自我，你必須信守自己的工作規範與為人原則，因為你不光要為自己的行為負責，也要為你的團體負責。

【案例解析】

制定企業戰略，不可只見眼前利益

儘管商業活動的目的在於獲取最大的利益，但是不表示只注重當前的利益，而拋棄長遠的戰略需要，否則最終會自食其果。

一個成功的企業，總是擁有自己一套完整而全面的經營理念與文化體系，這是企業的社會標誌，具有一定的穩定性。當社會發展，競爭環境出現變化之時，一個優秀的決策者與管理者必須要思考，面對新的變化與利益分配情況，應該改變什麼，又應該保留和堅持什麼。

在制定全新戰略之時，一些原則必須應該尊重，因為這些原則可能是企業的靈魂，維繫你們的信譽與形象。正如曾經的ＩＴ界風雲人物葛洛夫所言，現在是一個「只有偏執狂才能生存」的時代。

二十世紀六〇年代的克萊斯勒汽車公司就做了一個反面教材。當時，汽車行業出現一次新潮，各國的汽車需求激增。然而，因為這次的潮流似乎沒有主題，商家很難確定應該針對怎樣風格的汽車進行大量設計與生產。

本來作為當時的著名汽車公司，應該承擔起自己的責任，勇於嘗試新款汽車的開發與產量，為汽車產業開闢新路，當時這種開闢會有一定的風險。可是克萊斯勒公司，一改以往的作風，變得保守和小氣，指望別人先去探路。結果顯示，這是一次災難性的失誤，不但失去一次巨大增產的機會，讓其他公司捷足先登，而且整個企業形象也受到很大程度的打擊。

【原文】

主暴而臣諍，逆之為忠。主昏而臣媚，順之為逆。

【譯文】

主公暴虐不仁，而臣子正直敢言，違逆主公其實是忠誠的表現。主公昏庸無能，臣子卻只知道諂媚迎合，這種順從其實是一種忤逆。

【原文釋評】

管理界有一句名言：「領導者永遠是正確的。」其實，略有思想的人都知道，這句話本身就是錯誤的。如果領導者永遠正確，領導者可以改名為上帝了。

事實上，上級不但不可能永遠正確，而且可能還會犯錯。因此，當我們面對來自於上級的錯誤之時，就必須仔細考慮一下應付的方法。如果順從上級，團體的事業將會面臨挫敗；如果逆上級而為，則可能影響自己的形象。這的確是一件很難抉擇的事情，在這裡，建議你不妨回憶一下你奉行的原則，如果你的原則是做一名成功的管理者，就必須在大是大非的問題上，保持正確客觀的認識。李義府的這兩句箴言，把忠與逆做了深刻的解釋，其核心的意思，就是不能唯上命是從，必須加以分析與辨別。保持自己的「忠」，實際上也是一種對工作職責的信守。

當然違逆上級的命令，也並非一定採取十分強硬的態度。比較適中的辦法是在錯誤執行前，找機會與上級進行溝通與交流，利用適當並且溫和的方式，把你的想法傳達給他。這不但可以挽回錯誤的最終發生，也可以保持和主管的關係。即使你的建議沒有得到採用，錯誤仍然被繼續執行，你也不必要承擔心理上的負擔，因為你已經盡力了。

【案例解析】

觸龍說趙太后

西元前二六五年，趙國國君惠文王去世，趙孝成王繼承王位。當時孝成王年紀尚小，所以由母親趙太后執政，國內政局不穩，秦國便利用這個時機，發兵東進，接連攻下趙國三座城池。趙國向齊國求救，齊國答應出兵，但條件是趙太后的幼子長安君到齊國做人質。因為長安君是趙太后的掌上明珠，趙太后拒絕齊國的條件。這讓趙國朝野上下，都十分焦慮，大臣們不停勸說太后，惹的太后發了狠話：「誰再勸我送長安君去齊國，我就把口水吐在他的臉上！」

左師觸龍謁見太后。一開始太后怒容滿面。觸龍慢步走近太后，請罪說：「老臣腳有病，好久沒來謁見您了，不知太后您身體可好。每天的飲食不會減少吧？」太后說：「我每天就喝點粥罷了。」觸龍說：「老臣胃口也不好，但是堅持著步行，每天走三、四里，可以增進一點食欲。」太后說：「我老婆子可做不到啊！」此時太后的臉色稍為和緩些了。

左師公說：「臣子老了，有個幼子舒祺，我很愛憐他，希望能派他到侍衛隊裡湊個數，保衛王宮，所以冒著死罪稟告您。」太后說：「好的。他多大年紀了？」觸龍回答：「十五歲了。雖然還小，但是老臣想在沒死前先拜託給太后。」太后說：「男人也愛小兒子嗎？」觸龍說：「比女人更愛。」太后笑道：「我們婦道人家才是喜愛小兒子。」觸龍答道：「可是老臣卻感覺，太后愛女兒燕后，勝過長安君。」太后說：「您錯了，我更愛長安君。」觸龍說：「父母愛子女，要替他們深遠考慮。太后您送燕后出嫁時，抱著她哭泣，可憐她遠行，十分傷心。送走後，時時思念，但是在祈禱時卻希望她不要被送回來。這難道不是從長遠考慮，希望她有了子孫可以代代相繼在燕國為王嗎？」太后說：「我的確是這樣想的。」

觸龍接著說：「現在太后您賜給長安君高位，封給他富裕肥沃的土地，賜予他大量珍寶，卻沒想過讓他對國家做出功績。有朝一日太后百年了，長安君能憑藉什麼在趙國安身立足呢？老臣認為太后為長安君考慮的太短淺了，所以我才感覺您愛他不及愛燕后。」太后說：「我明白了。任憑你派遣他到什麼地方去。」於是，太后為長安君套馬備車一百乘，到齊國當人質，齊國就出兵援趙了。

修正工作之謬誤

工作中出現失誤，是不可能避免的。一個優秀的管理人員，明白這樣一個道理：與其為失誤而懊惱，不如提前預防失誤，或是及時的糾正錯誤。其實，大家基本上都有能力判斷對與錯，導致犯錯的主要原因或是想法上的疏忽、或是認識上的片面。所以，如果要預防或是修正工作中的謬誤，關鍵的是加強認知的全面性。對人，亦是如此，全面認識一個人，才能真正駕馭他，而不至於用人不當，犯下大錯。

【原文】

忠奸莫以言辯，善惡無以智分。

【譯文】

某人的忠與奸，不能根據他的言談來判斷；善與惡，也不能根據他的才智來判斷。

【原文釋評】

一個人的才能與品德不能劃上等號，事實上，許多作惡多端的人往往才能非凡；一個人的言談也不一定就能真實反映內心思想，口是心非的例子更是不勝枚舉。正是因為如此，在人際交往中，才需要利用度心之術，來探究對方的真實心理情況。

所以，高明的人不會被別人的語言所迷惑，也不會因為對方的才華而愛屋及烏，把他想像的十分完美，而是根據對方長期的行為舉止來綜合判斷，但即使是「路遙知馬力，日久見人心」，往往也難以真正瞭解一個人的真實內心。有時候，必須是在關鍵時刻，才能表現出一個人的忠良或奸險。

【案例解析】

袁世凱的承諾

清朝末期，西元一八九八年，以康有為為首的維新人士，在光緒皇帝的支持下，進行著名的「戊戌變法」，變法期間，光緒帝頒下上百道新政諭詔，除舊布新，內容涉及政治、經濟、軍事、文化等各個方面。

但是，改革遭到以慈禧太后為首的頑固守舊勢力的反對和阻撓，許多上諭成為一紙空文，光緒帝和慈禧太后之間的衝突，也逐漸激化。同年七、八月間，形勢進一步惡化，守舊勢力預謀政變，慈禧的親信大將榮祿，手握兵權，是這次政變的主要力量。光緒帝也頒密詔給維新派，要維新派籌商對策。康有為、梁啟超、譚嗣同等維新派的核心人物讀到密詔決定營救皇帝，實行兵變，包圍頤和園，迫使慈禧太后交權。

當時的清軍將領中，袁世凱一直對變法表現出很大的熱忱，恰好此時他和他的軍隊駐於京師附近，便於兵變。於是八月初三深夜，譚嗣同隻身前往袁世凱的寓所法華寺，託以出兵救主的重任，袁世凱當即表現的慷慨激昂，拍著胸脯向譚嗣同道：「誅榮祿如殺一狗爾！」約好克日舉兵，誅殺榮祿，包圍頤和園，囚禁慈禧太后。袁世凱如此大義，譚嗣同十分感動，拍著他的肩膀說，如果這次勤王事成，袁世凱將是變法第一功臣。

然而，善於政治投機的袁世凱，在經過反覆考慮後，竟然決定出賣維新黨，投靠慈禧太后。於是他向榮祿告密，八月初六日，慈禧太后發動政變，宣布訓政，光緒帝也被囚禁。隨後，大肆搜捕維新人士。康有為、梁啟超逃亡日本，譚嗣同等「戊戌六君子」遇害，變法運動最終失敗。

【原文】

謀逆先謀信也，信成則逆就。

【譯文】

謀劃叛逆的事情，首先應該樹立自己的信義，信義樹立之後就可以叛逆成功。

【原文釋評】

「謀逆」本質上是一種反叛，以現在的社會觀念來看，叛逆未必是一件十惡不赦的事情，因為當今社會沒有什麼事物是高高在上，不可侵犯的，反叛就是向現有勢力的一種挑戰。其實，我們不妨把這裡的「叛逆」看成是「打破傳統」、新陳代謝，自然之理。

當然，無論是想打破舊的傳統，還是謀劃一次奪位的陰謀，在方法上都必須首先樹立「信義」，信義包括威信、誠信、仁義等。只有在信義樹立的前提之下，才能夠讓更多的人尊重你、瞭解你，進而擺脫現有勢力的陰影，接受你的觀念，為謀逆的成功打下堅實的基礎。

【案例解析】

艾科卡的上任要求

如果一個企業，長時期的因循守舊，體制僵化，必然會導致企業缺乏活力與生機。但是進行一次改革，不是想像中的那麼簡單，它涉及到整個企業的各方面。

美國著名管理學專家彼得斯曾經說：「改革的關鍵在於觀念的改變。」所以，如何改變周圍的人那些根深蒂固的原有觀念，成為最大難題。一般來說，當前的既得利益者，會毫無疑問的扮演改革的反對者，同時也是舊觀念的維護者。所以，奪權奪位，更換領導人，往往是加快企業變革的一條捷徑。但是在更換領導人之前，必須要為新的領導人建立起威信，否則他的改革難以推行。

二十世紀七〇年代，美國第三大汽車公司——克萊斯勒汽車公司，由於積弊太多，面臨倒閉的危險，此時福特汽車公司的李．艾科卡被解聘，克萊斯勒公司立即決定請他來當總經理，於是先派出兩位頗有名望的公司董事與艾科卡接觸，然後公司董事長約翰．里卡多又親自「三顧茅廬」。艾科卡終於被里卡多的誠意打動，答應出任克萊斯勒的總經理，但是他同時提出兩點要求：第一，年薪不能低於他在福特公司的三十六萬美元，這一條似乎有意在為難里卡多，因為當時董事長里卡多的年薪也不到三十四萬美元，總經理怎麼能超過董事長呢？許多克萊斯勒的員工對此十分忿忿不平，認為艾科卡的架子太大。後來，經過董事會討論，決定水漲船高，給里卡多也增加兩萬美元的年薪，同意艾科卡的第一個要求。第二，艾科卡要求擁有一〇〇%的自主權，殺伐決斷，不受制衡，而且一兩年之後，就得讓他來擔任董事長。這簡直是漫天要價，但是里卡多求賢若渴，表現出極大的氣魄，也同意艾科卡的要求。至此，事情談妥，艾科卡受命於危難，出任克萊斯勒公司總經理，他不負所望，大力改革最終使公司擺脫困境，創造出汽車界的一個神話，艾科卡本人也成為美國家喻戶曉的傳奇性人物。

多年後，艾科卡在他的回憶錄裡寫道：「當時我之所以提出那樣的條件，並非故意漫天要價，而是我必須要在上任前做出一個強者的姿態，樹立威信，讓公司的員工都知道，我這一次來者不善！」

【原文】

制逆先制心也，心服則逆止。

【譯文】

平息反叛，首先要制服反叛者的心。只有讓他們心悅誠服，反叛才算真正被平息。

【原文釋評】

站在不同的立場，自然要維護本集團的利益。當你面對下屬的質疑與反叛，將採取怎麼樣的行為平息這樣的內亂呢？李義府給出的答案很明確：制心。

兵法有云：「攻心為上」。攻心策略可以說是駕馭人才最具藝術的方式。高明的管理者必然是一個心理學的高手，他們懂得如何利用對方的心理與性格上的弱點，籠絡人心、震懾人心、收服人心。叛逆首先是思想上的不認同，而平息叛逆的關鍵也在於思想上的統一。所以，制心御心，才是對抗逆心的良藥。

【案例解析】

諸葛亮七擒七縱平孟獲

西元二二五年，正當蜀漢丞相諸葛亮積極準備北伐時，蜀國南方的少數民族首領孟獲發動了叛亂。為了鞏固後方，諸葛亮率領軍隊南征。

在交戰之前，諸葛亮便細心瞭解敵方首領的性格，知道孟獲雖然作戰勇敢，意志堅強，但是待人忠厚，耿直重義，在南方部族中極得人心，當地的不少漢人也很欽佩他，於是諸葛亮便有一個大膽的平亂計畫。

孟獲勇猛有餘，智謀不足，用兵遠遠不及諸葛亮。第一次上陣，見蜀兵敗退下去，就以為蜀兵不敵自己，不顧一切的追上去，結果闖進埋伏圈被擒。孟獲原以為要被處死，因此下定決心，死也要死的像個好漢，不能丟人。不料諸葛亮親自給他鬆綁，還問他服不服輸？孟獲當然不肯認輸。於是諸葛亮便放他回去再戰。

孟獲當天以為諸葛亮會放鬆戒備，於是率軍偷營，可是諸葛亮早有預計孟獲會有此招，設下陷阱，又一次擒住孟獲。不過，諸葛亮再一次釋放孟獲。

孟獲接連被擒，再也不敢魯莽行事。他帶領所有人馬退到瀘水南岸，想利用瀘水的瘴氣阻止蜀軍。可是蜀兵利用天黑之時，瘴氣消散後一舉過河，包圍孟獲大營，再次生擒孟獲。

孟獲雖然第三次被擒，但是他仍然不服氣。諸葛亮還是不殺他，一頓款待他之後又放了他。蜀軍將士不少人對諸葛亮的這種做法不理解，認為他對孟獲太仁慈寬大了，諸葛亮向大家解釋說：「殺掉孟獲，十分容易，可是要徹底平定南方，則必須平息他們的反叛之心。我之所以厚待孟獲，就是要讓他和他的族人們能心悅誠服的報效朝廷。這樣你們現在辛苦些，以後就不必再到這裡來打仗了。」

於是，諸葛亮一共擒住孟獲七次，又放了他七次，孟獲終於從心裡被征服了。從此效忠蜀漢，南方少數民族再也沒有發生過叛亂。

【原文】

主明奸匿，上莫怠焉。

【譯文】

如果主公明於事理，勤於朝政，奸佞之人就只能隱藏起來。所以，主公必須嚴格要求自己，不可懈怠。

【原文釋評】

誰最容易被別人蒙住雙眼，難以認清一個人的忠與奸？答案不是那些身處於中低階層的普通人員，相反地，而是那些高高在上的領導者，他們才是最容易受到蒙蔽的人。因為作為高層的你，時時刻刻都會面臨下屬們的欺騙與表演，稍為不慎，可能就會被眼前的一場精心策劃的演出所迷惑。

如果說奸佞之人能夠得勢，獲得重用，完全是因為領導者的賞識與倚重，糊塗與無用。如果領導者善於識人用人，勤於公務，對公司上下瞭若指掌，為人正直公平，試問那些矇騙的伎倆，如何會輕易的得逞呢？因此，勤於處理公司業務，常到基層瞭解情況，多管道溝通與交流，才能確保眼明心明，不會輕易被人蒙蔽。

【案例解析】

認識並且瞭解你的員工

費萊德・史密斯是聯邦快遞的主席兼行政總裁，他同時也是快遞運輸的創始人。現在他的公司已經是一個擁有近二百億營業額、及二十五萬名員工的龐大集團。

史密斯酷愛閱讀，尤其喜歡藝術、哲學、以及管理學。他非常富有說服力，在談及領導的藝術時，他提出一個領導者一定要知人善任，適當授權。「成功的企業管理，最重要一點就是要確保員工們不被安排在錯誤的職位之上。也許你會懷疑，對於這樣大的企業，我如何去認識並選拔那些既忠誠又有能力的人？當然，我不能靠我自己的個人意見來任免員工，事實上，我是公司裡被蒙蔽次數最頻繁的人。大家都要在我面前表現他好的一面，甚至是裝出來給我看。但是我不會那麼容易上當，我會親自到每個部門去走訪，查閱他們的工作記錄，業務情況，瞭解某些重要人物的為人與性格。這樣我才能更多的認識我的手下，到底是怎樣的一些人。」

其實，史密斯做的還不止這些，他還在公司裡建立員工的自我評估機制，以及眾人互評機制，他可以從這些眾多評價之中，全面地瞭解一個人，不至於僅從自己的角度來主觀的判斷，也就有效的減少被蒙蔽的機會。

【原文】

成不足喜，尊者人的也。敗不足虞，庸者人恕耳。

【譯文】

成功不必過於喜悅，因為對於尊貴之人的成功，人們早就習以為常。失敗也不必過於抑鬱，因為對於平庸之人的失敗，人們本來就十分寬容。

【原文釋評】

對於不同的人，會有不同的要求標準，對人的管理亦是如此，應該根據每個人的特點與能力進行工作的分配及獎懲，以免大材小用，或是小材大用。如果某種管理體系簡單生硬的把各不相同的人湊在一起，勢必會造成內部的混亂與低效。成功的管理必然是多層次、分步驟的，應該針對不同的人、不同的部門，以及不同的工作內容進行管理體制的建立。

【案例解析】

建立多層次的團隊系統

法國企業鉅子摩利克斯公司，曾經一度陷入極大的困境。皮埃爾臨危受命，出任摩利克斯公司的行政總裁。面對帳本，他曾經驚訝道：「一九九五年，我們竟然虧損三億美元！我們的對手卻全都業績成長。」考慮到接手時的公司狀況，皮埃爾沒有立即提出目標，卻對公司上下進行一番調查。得到的結果是，公司的管理生硬，制度陳舊，而且規章過於簡單，幾乎所有的部門，都使用相同的規範要求和作息時間表。皮埃爾於是決定先從制度下手，改變這種籠統簡單的企業規範。

皮埃爾使用的是什麼方法呢？答案就是：多層次團隊系統。他將整個企業上下凝聚在一起，他把企業建立在「高層團隊」、「流程團隊」、以及「行動團隊」的三級架構之上，每個團隊都擔任不同的角色和職責，擁有不同的工作內容和任務，並且制定不同的考核標準和評估體系。他分別施行戰略計畫與靜態目標的制定、細化企業流程和提高工作效率，以及具體工作實施。這種方式簡潔有效，分工明確，實現管理的多元化。皮埃爾也以此作為法寶，讓摩利克斯公司很快擺脫困境。

第八章：奪心術

依靠整體力量

拿破崙曾站在阿爾卑斯山頂說道：「我比阿爾卑斯更高。」這當然是極其偉大的形象，可是魯迅卻一針見血地指出，拿破崙之所以可以如此的驕傲，是因為在他身後有一支龐大的軍隊。如果沒有那些士兵，拿破崙的行為只能成為笑料。真正的強者，絕不是僅僅張揚個人的力量，因為再偉大的人，如果他是孤立的，他仍然難以取得突出的成就。強者，之所以擁有無窮的力量，是因為他依靠整體的力量。

【原文】

眾心異，王者一。懾其魄，神鬼服。

【譯文】

眾人心中的想法各不相同，王者應該把大家的思想統一起來，如果能夠懾服大家的靈魂，萬眾一心，連鬼神都可以無所畏懼了。

【原文釋評】

一個強而有力的團體，必然具備強大的凝聚力，萬眾一心，眾志成城，依靠整體的力量，企業管理的重點正在於此。作為一個管理者，你必須要明白，如果你不能有效的組織好眾人的力量，你的工作將顯得毫無意義。換言之，管理不是個人的事情，而是團隊的建設。

然而，如何把眾多的人，眾多的想法，整合為一個整體，則是你必須著重思考的問題之一。如果想法、觀念上沒有形成統一，則人心散亂，難以控制；但是如果思想過於禁錮，又容易讓個體失去靈魂，整個集體缺乏個性與活力。所以，李義府提出的「懾其魄」的方法，即不必要求眾人只能一個思想，但是他們的思想與活動卻必須在企業管理的基本原則的威懾與框架之內。有個性，有集中，有活力、有組織的整體，才是現代企業所需要建立的團隊。

【案例解析】

充分利用團隊的優勢

建立企業團隊的思想最早出現在日本的企業界，後來在美國的企業得到廣泛的推行。大多數國際優秀的公司都十分重視團隊的建設。例如新力公司與本田公司，都把團隊建設當成企業管理的主要任務。

例如本田公司在企業管理當中，就提出「多元化繁榮」的組織思路，公司中高階層的管理者之間，企業內部各部門進行交叉合作，並成立專門的小組，以臨時團隊的形式處理各類企業管理的重大問題，小組的成員，一般來自於不同的部門，掌握不同的技能和專業，有不同的特長。這樣的臨時團隊，有時會建立兩支以上，獨立的解決問題，相互的合作配合。結果是，不同的小組可能會從不同的思路出發，並依靠臨時小組成員的人脈，利用各自所屬的部門的全部力量，解決當前的問題，得到各小組的解決方案。於是，擺在高層管理者面前的，將是多份十分詳細的方案，經過高層討論選擇其中之一，或得出最佳綜合方案。

這種擁有巨大的活力和創造力的團隊，同時也遵守相同的紀律要求，有明確的目標，受到高層的直接領導，充分發揮整體的力量。

【原文】

君子雖不喪志，釋其難改之。小人貴則氣盛，舉其汙泄之。

【譯文】

君子遇到挫折時，不會喪失信心與理想，如果你為他分析挫敗的原因，他就會改正自己的錯誤。小人一旦得志時，則會趾高氣揚，盛氣凌人，如果你說出他的缺點，他就會惱怒並輕慢侮辱你。

【原文釋評】

對待成功與失敗，不同的人可能有不同的心態，心態的不同也會出現新的發展。優秀的人，會把失敗當成機會，從失敗中學習成長，不在乎別人的批評與責難；淺薄的人，則把成功當成包袱，沉迷在自得與自滿當中，最忌諱別人的忠告與勸導。

古人講求「勝不驕，敗不餒」，意在教導世人，能夠以平常的心態來看待成敗榮辱。一名優秀的管理者，首先應該具有健康的個人品格。假如你在考察某人，也不妨多注意對方的情緒與心態。觀察一個人，最好看他在一些特殊時刻的表現。當他面對成功或失敗的考驗時，如果能夠保持良好的心態，比如客觀的自我認識，堅毅的性格、奮鬥的意志，重新站立的勇氣，或是在順境中依然謙虛謹慎的作風，我們有理由相信他具有取得成功的潛力。

【案例解析】

與企業共渡難關

挫敗是對人生的考驗，一個心智堅強的人，不會因為失敗而喪失志氣，一蹶不振，而是會與自己的同伴一起，總結教訓，繼續邁出步伐。

一九九二年，美國德爾塔航空公司在當時國內航空業同行惡性競爭削價的事件之中，受到很大的波及，損失高達五億多美元。當時德爾塔航空公司的董事長兼執行總裁艾倫為了減輕公司的財政壓力，決定實行裁員和減薪計畫。

按艾倫的計畫至少將裁員五％的員工，留在職位上的員工也要被削去休假與保健福利。他的計畫一經提出，便引起全公司的廣泛關注，這對於許多員工來說，都是一個十分可怕的噩夢。然而，更多的員工寫信給艾倫，要求他再考慮裁員的決定。大多數員工表示，寧願全體員工減薪，也希望能讓大家都留下來。

員工們的這個行為，這讓艾倫很感動，於是他也向董事長提出，把自己的年薪減掉二十一％，表示要與公司一起共渡難關。他的這個行為，也受到公司廣大員工的讚賞。於是，在這樣的精神鼓舞之下，德爾塔航空公司的員工們，從上到下，在困境中團結起來，都以極大的熱忱投入忘我的工作中，表現出良好工作狀態。就這樣，在全體員工的努力下，德爾塔公司最終順利地走出低谷。

【原文】

窮堪固守，凶危不待也。

【譯文】

身處窮困，強行忍耐守舊，等不了多久，凶險與危難就會來臨了。

【原文釋評】

窮則思變，死守陳規必將會走向沒落。許多一度輝煌的企業，往往會被昔日的光輝所籠罩，但是時過境遷，往日的光輝反而成為現在揮之不去的陰影。「我們一直是以這樣的方式管理和經營的，並且我們曾經做得很好，它的成功有目共睹，所以我們應該繼續堅持下去。」如果曾經的成功導致現在的企業產生這樣的觀念，那就十分可怕了。你應該明白：管理必須因應環境的變化！

明智的管理者懂得對市場環境變化與社會發展情況作連續的關注與分析，在他們看來，管理制度是為環境服務的，而非環境去遷就管理制度。此外，以管理這門科學本身而言，也在不斷的更新與進步，舊的理念與方式，很難與全新的管理學相比。所以，必須從簡單的重複先人的工作中解放出來，如果你還沒有明白因循守舊到底有多可怕，凶險的經濟危機將會告訴你答案。

【案例解析】

瞭解市場，改變自我

二十世紀中葉，美國一家名為「Brand R」的啤酒公司，曾經有一段時間在國內家喻戶曉，品牌知名度很高。可是到了二十世紀八〇年代初，這個品牌的啤酒在紐約的市場上開始走向低谷，原因是這個老品牌不能打動青年人的心。「Brand R」啤酒公司的高層，對是否改變經營方式與品牌名稱展開討論，然而一向注重維護品牌形象的「Brand R」啤酒公司難以割捨對舊品牌的感情。

新上任的總經理，為了說服高層人員，做了一個針對紐約普通消費者進行的口味測試。測試分為兩組，一組選用三個暢銷品牌的啤酒，加上「Brand R」啤酒，他們把品牌標籤註明，由消費者試喝。然後讓消費者寫出感覺口味最好的品牌，結果「Brand R」啤酒只佔一〇%，低於另三個品牌的啤酒。另一組，選用同樣的啤酒，但是沒有標明各自的品牌，結果四十五%選中「Brand R」啤酒。之後，相同的試驗做過多次，結果相似。

測試的結果再一次證明，「Brand R」啤酒是一款口味很好的啤酒，影響銷量的原因是品牌的老化與陳舊。於是，「Brand R」啤酒公司高層最終被說服，同意改換啤酒的名稱。

【原文】

察偽言真，惡不敢為。

【譯文】

對虛假的報告加以嚴察，對說實話進行鼓勵，那樣就沒有人敢做惡了。

【原文釋評】

管理與決策的過程當中，最忌虛假報告。內部管理出現嚴重失誤的主要原因，常常是因為上層相信那些不真實的資訊，而受到誤導。而且，弄虛作假往往是內部破壞者行動的第一步，所以作為一名管理人員，應該對每條重要的資訊，做仔細的調查，比如消息的來源、誰在收集整理、消息是否過時，每個環節都務必仔細，不可大意，以免堡壘從內部被攻破。用人也是如此，對那些說一套做一套的人一定要多加提防。雖然不能要求別人在任何事情上都說實話，但是如果有意欺騙，並且涉及重要工作內容，你對他就不可不防了。

【案例解析】

曾國藩選才

清朝的官吏制度規定，進士取得官位以後，便可到某省報到然後赴任，而職位的補缺先後順序，往往取決於誰先報到。所以授予官位以後，都會儘快前去拜見吏部負責簽發授職憑證的官員，拿到官憑後，又會立即動身赴任，以免被人搶先。

清朝重臣曾國藩在任吏部侍郎時，曾遇過兩個剛剛通過朝考並取得知縣官位的進士。這兩個人都取得直隸知縣的職位，同時去拜見曾國藩，曾國藩問他們赴任的行期，其中一個人名叫楊毓楠，他回答道：「已經雇好馬車，回去收拾一下就動身。」另一個人答道：「我還有一些朋友要告別，可能會晚兩天。」曾國藩感覺楊毓楠如此心急當官，可能會是一個奸巧的官吏。但是很快得到確實的消息，先去赴任的竟然是另外那位進士。曾國藩十分感慨：「人心真是難以看透！楊毓楠在另一個同去赴任的同僚面前，依然如實回答，可見他是一個誠懇厚道的人。」後來曾國藩多次寫信給直隸大吏，稱讚楊毓楠的賢良。楊毓楠做官兢兢業業，後來一直官至大名知府，另一個進士卻因事被彈劾而失去前途。

曾國藩後來談及此事，說道：「人人皆有私欲，無可厚非，隱私家世之事，不便明言，自是有道理的。然而與人交際，在一些不關痛癢之事上，謊言也隨口即出，可見心中甚是奸巧乖張。」

以心交心

管理是一個互動的過程，關鍵是人與人之間的交往。優秀的管理者懂得以平等的眼光看待周圍的人，因為他知道，在現代社會之中，他們都是你工作中的夥伴，你們在法律與人格上是平等的。我們不難發現，人際交往之中，真正融洽的關係，是朋友之間平等互助的關係，所以試著和你的工作夥伴成為朋友，以心交心，相互尊重，達成共識，這樣才能團結合作，形成一個整體。

【原文】

神褫之傷，愈明愈痛。

【譯文】

對宗廟神明的傷害，越是明目張膽，傷害的程度也越重。

【原文釋評】

宗廟神明對於人們來說，是神聖而不可侵犯的，如果宗廟神明受到侮辱與傷害，最容易激發人們的憤怒與仇恨心態。所以，神褫之傷帶來的傷痛，往往是報復的動力。作為管理者，在管理過程中，也要明白一點，對待別人或是自己的下屬，在批評與責難的同時，不要給他帶來神褫之傷。否則，後果是可怕的。

【案例解析】

與員工進行私人的非正式溝通

當某人被斥責時，如果在場只有小範圍的幾個人，即使批評的很嚴厲，往往也不會覺得太氣惱；可是如果是當著許多人的面被訓斥，則會感到十分尷尬和恥辱。所以，在精神傷害上，越是大張旗鼓，越是傷人至深。作為一名管理者，儘管你有權力和責任對你的下屬進行批評與指導，但是應該使用恰當的方式，忌切傷害其感情中最敏感和最神聖的部分。

著名的旦達航空公司，提出了「旦達為家」的管理哲學，用以增進員工們對公司的感情。前任經理畢伯解釋道：「整個公司仿效成一個優秀的家庭，公司中的管理者和員工就好像是家庭中的成員一樣，有家長，有親屬，有子女。大家各司其職，各在其位，相互合作，共建家園。可以想見，你的家人可能會命令你、批評你、或是懲罰你，但是你不會受到自尊的傷害，因為你知道，無論他們怎麼對你，心裡都是愛你的。」

旦達公司要施行的正是這種家庭式的溫情管理模式。旦達的高層會議裡，總裁曾多次向管理人員強調，絕對不能侮辱員工，並以此制定嚴格的規定，並且鼓勵管理員與下屬進行非正式的交流。旦達公司的主管們常常會花不少時間，只是為了和員工們聊聊家常。許多管理上的問題與意見，也就在這樣的輕鬆交談中得以傳達。

畢伯說：「千要不要以為，只有那些正正經經的文件，才是有用的策劃。其實在我們看來，那些只不過是我們討論過多次的廢話罷了。非正規管道的交流，卻往往可以找到十分有價值的資訊。珍珠總是埋在淤泥之中。」

【原文】

苛法無功，情柔堪畢焉。

【譯文】

嚴厲苛刻的法令沒有功效，而以柔和的情義則可以達到效果。

【原文釋評】

嚴刑峻法，剛猛有餘，仁厚不足，難以持久，一旦激起人們的反抗，便法難治眾。所以嚴法苛政沒有長久而徹底的功效，不具備靈活性與針對性，缺乏管理藝術。相反地，富於人性關懷的管理方法，往往能滋潤人心，引起共鳴，雖然顯得柔和，但卻可以收到很好的效果。所謂「以柔克剛」，就是這個道理。

【案例解析】

白騾的命與臣子的命

春秋時的貴族趙簡子，擁有自己的封地與家臣，是以後戰國時期趙國國君的祖先。趙簡子曾養了兩隻白騾，他十分珍愛，命令手下不許傷害白騾。可是，趙簡子手下的廣門長官胥渠有一次生病，醫生說只有用白騾的肝才能醫治，不然就會病死。於是胥渠便派人到趙簡子那裡索要白騾。

趙簡子身邊的官員董安說：「主公明明下令不得傷害白騾，可是胥渠竟然為了自己治病而違令，要殺您心愛的白騾，這不能容忍，應該處以極刑。」趙簡子搖頭說：「我那道命令只是要告誡大家愛惜白騾，不是說白騾比人命還重要。為了白騾而殺人，那是不仁的。殺了白騾去救人，才是仁義的行為。」於是，趙簡子命令廚師殺了白騾，取出騾肝送給胥渠，胥渠的病也得以治癒。

後來趙國攻打翟國，胥渠為了報答趙簡子而奮勇殺敵，率領七百人一舉攻下敵城，並且俘虜對方的守城敵將。

【原文】

治人者必人治也，治非善哉。屈人者亦人屈也，屈弗恥矣。

【譯文】

約束別人，別人也會來約束你，此時的約束不是友好的。壓制別人，別人也會來壓制你，此時的壓制難道不是一種恥辱嗎？

【原文釋評】

以其人之道，還治其人之身，在中國歷來被看成是理所當然的事情。你怎樣對待別人，別人就有理由怎樣對待你。作為一名管理者，你在承擔職責，制約他人的同時，也必須清楚的意識到，你同樣受到來自其他力量的制衡，所以切不可認為自己可以為所欲為，否則你令別人屈辱，別人也會找機會報復，讓你也承受相同的羞恥。因此，優秀的管理者，懂得克己自律，善待他人，讓更多的人成為他的朋友，而不是敵人。

【案例解析】

建立和諧的人際關係

《華盛頓郵報》的時政版曾登出過一個社會評論家的名言：「高明的領導人，似乎隨時隨地都在為自己拉選票。」

每個人都希望自己被他人喜歡和尊重，優良的人際環境對任何一個人都很重要，作為必須常與人打交道的企業管理人員來說，好的人際關係更是工作的需要。如何建立和諧的人際關係，和別人融洽相處呢？方法其實很簡單，那就是你想別人怎麼對待你，你就怎麼對待別人。

被譽為「全球第一ＣＥＯ」的傑克・威爾許認為：人際關係與企業效益之間有十分密切的關係，作為一名成功的企業管理者，你有義務創造一個良好和諧的人際關係環境。所以，你必須懂得如何與人交談，如何安慰別人，如何與人保持距離，以及如何提升自己的魅力。

威爾許列出幾個方法：一、針對不同場合穿不同的衣服；二、微笑是交流的必備品；三、尊重他人的隱私；四、有足夠的耐心，並且學會傾聽；五、使用誠懇的語氣；六、在交際中偶爾表現出幽默。

第九章：警心術

懷疑一切

大家常說時間就是金錢，其實，在管理與經營中，資訊又何嘗不是金錢？獲取必要的資訊是成功管理的一個重要前提，資訊抓的又快又準，賺錢的機會也就越多。

然而，面對大量的商業情報與資訊，如何選擇與分析，並做出正確的反應，則是擺在管理者面前的難題。一個優秀的企業管理者，會不斷累積經驗，提高分辨與捕捉資訊的能力，以及良好的判斷力與決策能力。

所以，在資訊面前，必須懂得懷疑與分析，否則你就被資訊所牽制，而喪失自我。換言之，你要做資訊的主人，而不是資訊的奴隸，一定要掌握處理資訊的主動。

【原文】

知世而後存焉。識人而後幸焉。

【譯文】

深刻認識這個世界，有助於你的生存；深入認識人心，有助於給你帶來幸運與機會。

【原文釋評】

任何智慧的產生，首先是建立在認知的基礎之上。只有獲取大量、廣泛的資訊之後，才能提取有用的情報。現代的市場經濟之中，商業資訊可說是影響企業高層決策的關鍵因素，它是一種可貴的資源，對於企業的管理者而言，廣泛掌握商業資訊，深入調查資訊的真偽，是你工作的重要內容，有助於你在競爭中的生存與發展。對人才也是如此，是夥伴也好，是對手也好，取得他的個人資訊，同樣是十分必要的。全面瞭解一個人，並正確利用，將對你日後的工作帶來有益的幫助。總之，資訊本身固然重要，但是獲取資訊、識別資訊、分析資訊、以及處理資訊，才是更重要的。

【案例解析】

敏銳捕捉市場訊息

市場訊息是資料，同時也是機會，但是機會只對有心人才有意義。如果某一條市場訊息成為婦孺皆知的話，其實已經失去價值。成功的商業家總是能搶在大家之前，捕捉到尚未被人重視的資訊，先人一步看準商機，等大家回過神時，他卻已經退出戰局，留下一群蜂擁而至的後來者相互廝殺。多年之前，古川久好只是一家日本公司的小職員，在公司做了很多年都只能從事一些跑跑腿、整理資料的粗活，工作很辛苦，薪水也很低，他總在想如何能賺到大錢。有一天，他從報紙上看到一條介紹美國商店擺放自動販賣機的消息，這種自動販賣機不需要營業員看守，一天二十四小時可以隨時供應商品，而且在任何地方都可以營業。

古川覺得，如此方便的售貨方式，應該有很好的發展前景，而且當時尚未在日本推廣，所以他打算投資進行自動販賣機的生意。於是他向親戚和朋友借錢，湊到三十萬日幣，以一．五萬日幣一台的價格買了二十台自動販賣機，放置在酒吧、劇院、車站等公共場所，把一些酒類、飲料、日用品、以及報刊雜誌放入販賣機中，開始他的新事業。

古川久好的這次商業投資，為他帶來大量的財富，人們對這種自動販賣機十分歡迎，古川第一個月就賺到一百多萬日幣。他把賺到的錢再次投資到增加販賣機上，進一步擴大經營規模，一連五個月之後，古川不僅連本帶利還清債務，還淨收入二千萬日幣。於是，一條資訊造就一個富翁。

提高警惕

生活與工作之中，危險隨時可能出現，充滿競爭的商場，則更是如此。企業管理人員必須居安思危，時時保持一種警覺的狀態，留意工作中每個微小的細節，並且分析與總結，不能放過任何一個可能會帶來麻煩的環節。本節「警心術」的關鍵，正是在告誡弄權者，須小心行事，對周圍的異狀保持高度的警醒。所謂「成事三年，敗事三天」。只有在良好的防禦基礎之上，才能安心地進攻。

【原文】

天警人者，示以災也。神警人者，示以禍也。人警人者，示以怨也。

【譯文】

上天發出警告的表現是災難，神明發出警告的表現是禍患，人民發出警告的表現是憤怨。

【原文釋評】

天災常常因氣數所致，不可避免；人禍又常常是陳弊久積所致，一朝一夕也難以根除。所以，人們必須要有面對災禍的心理準備，以及面對危難的勇氣。當然，越早發現問題，預防與解決的時間和空間也越充分。長期的經驗證明，那些具有特別意義的現象，往往就是危險來臨的警報與信號，忽略這樣的信號，真正的災難也許就將接踵而至。

其實，現代社會的生活與工作，同樣如此。人們也許時時都籠罩在危機之中，危險沒有出現，彷彿一切平靜如水，可是如果一旦出現，往往會讓大家措手不及。因此，我們應該時時提高警惕，善於發現一些細小的跡象。這在管理學之中，稱之為「危機管理」，其中首要的經典信條就是：「未雨綢繆，防患未然。」一個成熟優秀的企業，本身具有極強的防危機能力。所以，作為企業的管理者，要有較強的預見和感知危機的能力，快速的反應能力，以及堅定果敢的自信，這是管理者應付危機之時所必需的能力。

李義府之所以提出「警心術」，其意是提醒那些高歌猛進的人，不要只想著進攻與衝刺，也應該注意身邊四伏的危機，預先制定危機管理計畫，以備不時之需。儘管制定這種計畫，是一件難以令人激動的工作，但是它的作用卻可能勝過任何一種經營策略，絕對不可忽略。

【案例解析】

機敏的危機意識，把問題消除在爆發之前

古人云：「天降異相，天下有變」，這句話反映古人對天象變化的理解，雖然有一些不科學的成分，但是卻道出一個常見的規律，即不尋常的現象，往往是一些大變化來臨的徵兆。在商業經營中，也是如此，所以管理者需要注意那些細微的改變，並且分析它們出現的原因，如果你說不清它們為什麼會莫名地出現，你就必須提高警惕。比如你的老客戶突然要與你減少生意上的往來；你手下的員工出現不正常的辭職；你似乎沒有下一步行動的方向，這些現象都預示你，麻煩就要來了。

美國加州銀行在州內擁有為數眾多的分支機構，其中大多數都歷史悠久，並且擁有固定的忠實顧客，銀行古典的老式建築，也成為他們的傳統標誌。可是隨著經濟與人口的增長，舊式建築已經顯示出其服務能力的不足。

某天下午，有一位老人在銀行的窗口前排隊，他的前面大約還有十五個人在等候。隊伍移動的十分緩慢，老人終於忍不住發脾氣。他大聲的抱怨：「這裡糟糕透了，我討厭這裡，把錢存在這裡真是見鬼了。」誰知，他的抱怨竟然引起許多人的共鳴，一直都沈默的客戶們，紛紛開始抱怨這裡的環境。在場的經理完全處於被動的境地，不知如何平息這樣的眾怒。

地方銀行的總經理阿馬迪・賈尼尼知道此事之後，十分重視。他召集各部門的負責人開會商量對策，一些負責人認為這只不過是某些顧客的牢騷罷了，總經理這樣興師動眾，完全是小題大做。然而，

阿馬迪卻在會議中組成一個專事小組，專門對此事進行調查。半個月之後，小組在調查報告中列出老式建築的銀行服務的諸多不足，比如沒有明確的服務嚮導，顧客難以估計自己需要花費多少時間，等候時沒有提供休息的場所與設施等，並且得出每天的銀行大廳顧客量比前幾年少了八至十七人次。

阿馬迪認為這是一個危險的信號，如果不及時處理，日積月累可能會變得不可收拾。於是，他馬上採取方案，對銀行進行裝修或改建，放棄原有的經典建築；在原有大廳中安裝大量的座椅，設立報架；按不同業務類型劃分服務窗口；配置專門的引導工作人員；播放優美的背景音樂。新修建的銀行極富現代感，並配置現代化設施，這一切都表現出銀行全新的服務理念，進而提高服務品質。

經過這樣的改變之後，顧客們的反應明顯轉好，一場暗藏的危機也在爆發之前化為烏有。

【原文】

畏懲勿誡，語不足矣。

【譯文】

對待害怕處罰的人，不必過多的進行告誡，因為告誡的言語不足以約束他。

【原文釋評】

針對不同的人，應該使用不同的方法。對那些畏懼懲罰的人，只靠言語告誡不會產生明顯的作用，需要的是利用嚴格而完善的法規進行約束與管理。需知，因人而異，對症下藥，才是用人的基本原則。

當前的一些管理人員，總是喜歡在會議上三令五申，反覆的強調某些問題，可是，「話多淡如水」，越是說得多，越是收不到理想的效果。下屬們聽煩了同樣的話，反而不會注意問題的嚴重。所以，優秀的管理者的話不一定多，但是必須言重如山，一句話就是一條法令，逆之者必有嚴懲！

【案例解析】

李鴻章的「日課」

清末重要輔臣、淮軍的創建者李鴻章，出身於富貴之家，又是翰林的身分，所以年少時心高氣傲。早年曾投入曾國藩所率的湘軍，作為恩師的曾國藩在他一入軍營時便告誡他，不可有少爺習氣。曾國藩治軍頗嚴，禮規眾多，湘軍將士每日必行「日課」，包括吃飯與作息的時間，及相關行為禮數。

曾國藩規定，大營每日早上定時開飯，時間一到大家就座，但是必須等幕僚到齊後才能動筷，戰時也不例外。然而李鴻章生活比較隨便，尤其愛睡懶覺，對這樣嚴格的作息制度很不適應，於是按時吃早餐便成了他的一個負擔。有一天，李鴻章實在不想起床，到了日課時間，曾國藩派人去請他，他便藉口生病不能起床。

曾國藩心知這只是李鴻章的藉口，更是接二連三的派人去催，李鴻章實在推脫不過，這才來到大帳。此時大家都是端坐等候，李鴻章看到曾國藩臉色不善，知道事情不妙，一定會被臭罵一頓，可是誰知曾國藩一句話沒說，只是等李鴻章就座後，便動手吃飯。在座的人也都不敢吭聲，只顧埋頭吃飯。

李鴻章素知曾國藩治軍嚴厲，現在曾帥一言不發，反而讓他心裡更加忐忑。曾國藩飯後，冷冷的說了一句：「在我這裡做事，須崇尚一個『誠』字。」言罷，拂袖而去。這一句，李鴻章只覺得如大山壓頂般的喘不過氣，於是他自己跑到軍處領罰，並表示認真守時「日課」。

之後，李鴻章在湘軍營中變得十分謹慎，嚴守各項法規，在軍務上用心打理，終於得到曾國藩的賞識。

【原文】

有悔莫罰，責於心乎。

【譯文】

對心中有悔悟的人，不必重於懲罰，因為他的內心已經深深自責了。

【原文釋評】

人無完人，孰能無過。一些人本身對自己就要求嚴格，不願有意懈怠。但是有時因為一時疏忽或是某些不定的因素而造成失誤，也是在所難免。一旦犯錯，他們必然內疚自責，痛心疾首，如是此時，因為他的一次失誤，而借題發揮，對他全盤的否認，並處以嚴厲的懲罰，有可能會讓他更加羞愧，喪失自信，從此一蹶不振。如果此時，採用懷柔的方式安撫，給他鼓舞與激勵，與他一起總結教訓，則可以幫助他很快從失敗中奮起，重新振作，並且對你心存感激，在以後的工作中進一步為你所用。

【案例解析】

批評下屬應該講究方法

卡內基在其著作《人性的弱點》裡曾有過這樣的介紹：「每個人都會犯錯，同時每個人都有自尊，你也不能例外。所以，在批評某個犯錯的人之時，不要擺出高高在上的樣子，彷彿自己是一個永不犯錯的人一樣。要顧及別人的自尊，儘量避免侮辱人格。」

一些下屬犯錯之時，有時直接的處罰與批評往往會把氣氛搞得十分緊張，其實人都有自知的能力，犯了錯誤他本人也很著急，一旦被劈頭蓋臉的怒斥，可能會激起反抗的心態。富有藝術的管理者，在批評下屬時，也是從容而冷靜的。他們既能及時的糾正下屬的錯誤，又不會因此打擊下屬的信心與積極性，往往不大動干戈就能收到理想的效果。

卡內基曾經舉過一個例子：著名鋼鐵企業家施瓦布有一天去視察自己的一家工廠，在一處明令禁止抽菸的走道上，看到一個年輕的工人正在悠閒的吞雲吐霧，那塊「禁止抽菸」牌子就釘在他頭頂的牆上。許多管理者遇到這樣的情況，一般會衝上去掐熄工人的菸，然後指著廣告牌斥責道：「你不識字還是沒長眼睛？你是哪個部門的？等著被懲處吧！」。然而，施瓦布沒有這麼做，他從容地走過去，拿出一支雪茄，禮貌的遞給小伙子：「年輕人，願意陪我一起到外面抽菸嗎？」工人馬上察覺到自己錯誤的行為，面對這份小小的禮物，十分慚愧和感激，表示絕對不會再在這裡抽菸。

一支雪茄菸對於工人來說，不算是什麼恩惠，可是卻代表管理者對他的尊重。這樣的批評，不但不會傷害工人的感情，反而讓他更加努力地為公司工作，這就是批評的藝術。

注重實力

韓非子曾經在《五蠹》裡說：「上古競於道德，中古逐於智謀，當今爭於氣力。」雖然，這讓人聽來十分可悲，但卻又是不爭的事實。實力，才是當前最實際最可靠的力量。所有的仁義道德、深情厚義，在實力與利益面前，似乎都顯得那麼無力，成與敗的關鍵，在於力量的強弱。所以，無論你想維護什麼理念，或是想破壞什麼理念，最終的還是在於實力的較量。只有強者，才配談正義與尊嚴。

【原文】

勢強自威，人弱自慚耳。

【譯文】

勢力強大，自然就擁有威嚴與力量；勢弱力薄，即使沒人侮辱也會自己感覺慚愧。

【原文釋評】

競爭，關鍵是實力的較量，這是勝負最重要的基礎。儘管實力的強弱可能發生變化，但是強者已有的優勢絕對不能忽視。

個人的威嚴，正是取決於背後的實力。真正的強者，不怒自威，一舉一動，輕描淡寫，皆可令風雲變色。勢力薄弱，形單影隻的人，即便張牙舞爪，暴跳如雷，也沒有人會真正畏懼，這就是實力的差別。

所以，在企業的經營與管理，終極的目標就是提高自身的實力與影響。作為管理者的你，代表企業的領導階層，應該站在一個較高的角度來總攬面對的人際關係，無論是面對各種情況，嘲諷、誹謗，或是惡意的攻擊，都不要情緒失控而大動肝火，這樣反而會顯得你心浮氣燥，修養不足，缺乏自信。其實，你要做的事，實際上只有一件，就是繼續確定並維持競爭的優勢，加強你的實力，這才是給予對手最有力的回應。

【案例解析】

保持強勢，擴大優勢

世界著名軍事理論家克勞塞維茲曾經說：「只有實力，才是真實的。」在商場之上，經營者最主要的任務當然就是贏得優勢、加強實力，獲取利益。其實這幾項，實際上是一致的。如果你現在已經擁有競爭的優勢，你絕對不能認為就可以鬆懈無憂了，相反地，你更加需要振作精神，進一步擴大已有的優勢，盡其所能地利用它。總之，你必須明確一點，你做的一切工作，都是圍繞增加實力，擴大優勢的這個目的進行。

說到美國的星巴克公司，恐怕是家喻戶曉，它主要經營咖啡飲品、咖啡豆及副產品，在美國的各個角落，都可能看到它的連鎖店。星巴克擁有今天如此驚人業績的人，就是星巴克的主席兼行政總裁霍華・蕭茲，一位低調而務實的管理學家。

霍華・蕭茲的發展史，不像許多企業家一樣充滿傳奇的故事，然而卻最能闡釋什麼叫「擴大優勢，加強實力」。最初的霍華・蕭茲只是一家瑞典家用器皿公司在美國代理處的員工。然而，在經營器皿生意的同時，霍華・蕭茲發現公司的咖啡壺的訂購量十分可觀，這給了他啟發：咖啡飲品在美國市場可能會有很好的前景。

於是霍華・蕭茲來到星巴克公司，成為一名零售業務的經理。後來，他在義大利的街頭注意到那裡的咖啡吧，於是再一次萌生在美國開咖啡吧的想法。於是他離開星巴克，自己開了一家咖啡吧，並建立自己的連鎖店。兩年之後，他籌集資金買下星巴克的全部股份，把自己的公司與星巴克合併，仍用「星巴克」為店名。剛開始時，公司有員工一百人，在西雅圖開辦十七處連鎖店。十年後的一九九八年，星巴克已經擁有二萬五千名員工，一千五百家分店，每年收入超過十億美元。

霍華·蕭茲談及經驗時說道：「一定要敢於突破，勇於做想做的事！不要被那些傳統、常規、習慣所左右。任何工作都是為了壯大自己。」

【原文】

變不可測，小戒大安也。

【譯文】

許多變化都不可預料。所以提前準備非常必要，即使小小的戒備也可能帶來莫大的安定。

【原文釋評】

俗話說：「有備無患」。事前的防備，遠勝過事後的補救。戰場、官場、情場、商場、職場，處處充滿鬥爭與暗流，許多變化往往出其不意，如果等到一旦事發才匆忙應對，可能為時已晚。而且，不是所有的變化來臨之前都會有徵兆，這就更讓人防不勝防。所以，有時不得不自我假想一些危機與變化，儘量做到全面布局，防患於未然，才是真正的明智之舉。

【案例解析】

全面地規劃，把握沒有預見的事件

在我們的工作之中，許多突發事件可能我們永遠都不會遇到，但這不能表示我們就可以不做必要的準備。有時候變數一旦發生，可能就是致命的打擊。所以，全面地布防，統籌進行規劃，是一項必要的措施。

世界零售業巨頭美國沃爾瑪公司，在全世界的十六個國家裡，開辦分公司，共擁有超過六千家沃爾瑪商店，超過一百六十萬人數的員工。據統計，每週光臨沃爾瑪的顧客接近一億四千萬人次！

公司的創始人山姆．沃爾頓說：「企業規模發展的越大，我們所考慮的事情就越基礎。數十年來，我們一直希望努力建立一個完善而高效的經營體系，然而這沒有想像中的簡單。不過，我們畢竟得到一些經驗。」

沃爾頓提出一套所謂「穩健計畫」，即為確保工程的每一步萬無一失，進行確認與預防程式。「察覺——隔離——測試——預測——調查——評審——評估」七個步驟。簡單的說，首先是留心觀察問題可能出現的環節，然後將這個環節隔離起來，對這個環節進行獨立的測試，從結果中進行分析與預測，然後在回到工作流程中進行調查，看這個環節如果出了問題，到底是不是會給整個體系帶來危機，或是什麼程度的危機，最後是專家的評審與評估，得到結論，以便制定應急的規劃。

【原文】

意可曲之，言虛實利也。

【譯文】

思想與道義都是可以被人隨意扭曲，所以言語都是虛浮的，利益才是實在的。

【原文釋評】

有人說戰爭沒有正義的一方。雖然這句話比較偏激，但是也反映一個現象，就是任何一方利益的團體，都會為自己的行為找到看似正義的理由，甚至冠冕堂皇，無懈可擊。

所以，有時「正義」往往只是利益集團的一句口號罷了，為了各自的目的，他們可以把經典的思想與理論進行巧妙地扭曲，向有利於自己的方向深入解釋，以達到師出有名，號召大眾的目的。事實上，他們真正所要獲取的，是最實際的利益。

雖然作為企業管理者，最多的工作內容是策劃與執行，不涉及太多的理論內容，但任何行為都是有理論依據的，在實際工作中，有時理論反而限制行為的自由。這些理論可能是自己的，也可能是別人的。因此，應該明白「意可曲之，言虛實利也」的道理，應該追求實在的利益，而不要去拘泥於過多的理論與形式。什麼榮譽、尊嚴、禮信、甚至名節，那些虛幻的言論與理念如果一旦束縛我們的手腳，就再沒有實用的價值，只會給我們帶來迷惑與誤導。總之，在鬥爭中，只有利益才是永恆的！

【案例解析】

姚萇定國號

「淝水之戰」大敗之後，前秦政權受到極大的打擊，龐大的前秦帝國迅速分崩離析，前秦的苻堅大帝再也無力控制崩潰的局面，手下的將軍們也大多各自為政，不再服從前秦政權，其中一部分還建立地方政權。龍驤將軍姚萇就是其中之一。

相比其他的將軍，姚萇更為心狠手辣，他為了奪權苻堅的政權，竟然將曾經的主子軟禁起來，逼他交出大印，在苻堅不從的情況下，便把其殺害，全然忘記當年苻堅對他的恩寵。可是，就是這樣一個忘恩負義的人，建立起自己的政權之後，仍然高舉「秦」這個國號，史稱後秦，姚萇還為苻堅披麻戴孝，並揚言是苻堅暗中授位於他。苻堅的兒子苻登率軍找姚萇報仇，在對峙中，苻登的部隊為苻堅之死而全軍慟哭。姚萇見此情境，竟然也帶頭大哭，還讓自己的部下也跟著哭，雙方頓時哭成一片，成為歷史上的笑談。

姚萇善於用兵，到了老年更是經驗豐富，與前秦軍的作戰中，佔盡便宜，在關中站穩腳步。後來西秦滅了前秦，而姚氏後秦又滅了西秦，成為十六國中最後一個強國。

失敗時的前秦將士，無不痛恨老天無眼。他們哪裡知道，決定成功與失敗的關鍵因素是實力的對抗，不是道德的宣揚。事實上，每一方都會把自己打扮得光彩照人，即使是狼子野心之徒，也會為自己披上華麗的正義外衣。

第十章：誅心術

知己知彼，百戰不殆

既然戰事一開，實力相爭，便絕無手下留情之理。即使是同情，也應該是在勝利之後，才有資格施捨給別人。所以，雙方自當各盡其術，以求完勝。李義府提出所謂的「誅心術」，即是鬥爭的至高技巧，講求從心理上瓦解對方，征服對手。當然，要做到真心的誅心，就必須瞭解對方的心。做到對自己的敵人瞭若指掌，包括他的性格與習慣，進而找到他的弱點，加以利用。所以，兵法中云：「知己知彼，方能百戰不殆。」

【原文】

誅人者死，誅心者生。

【譯文】

殺死自己的敵人，後果是自己也被判死刑，而擊潰對方的心理，則可以安然地活下去。

【原文釋評】

殺人雖然痛快，但是殺人之後，自己同樣也要付出慘重的代價。尤其在法制時代，衝動的行為往往會帶來十分危險的後果。

鬥爭需要講究更多的藝術，魯莽的舉動，不但不會有助於事，而且還可能適得其反，未傷人而先傷己，即便給對方帶來傷害，最後也難逃法律的制裁，落得兩敗俱傷。事實上，完美的鬥爭藝術，絕不僅限於物理上的攻擊，有時精神上的打擊，會顯得更為淩厲和致命，精神上的攻擊，出手於無形之中，還為自己留出一個從容的法律空間，得以全身而退。所以，大凡歷史上優秀的權謀家，都十分重視「攻心」之法，誅其身，不如誅其心。一旦心死了，身體留著也沒有價值。

【案例解析】

監獄裡的陰謀

明朝末期，宦官當道，朝政腐敗。以東西兩廠為首的特務組織，在國家施行嚴密的控制與消息封鎖，以免一些不利於他們的消息傳到皇帝耳中。當時以讀書人為主的東林黨，正掀起洶湧澎湃的政潮。這讓閹黨們十分擔心，於是明朝的太監們以一些莫須有的罪名關押許多東林黨人，以扼止這場政潮。

在監獄裡的東林黨人們天天喊冤，想告御狀，希望皇帝來解救他們。太監們很憤怒，但又不便在獄中殺人，以免帶來更多的麻煩。於是，他們想到一個很陰毒的辦法，他們派人假扮皇上的欽差，來獄中提審。被抓的東林黨人看到欽差，自然喜出望外，向欽差哭訴冤情。可是假欽差聽完之後，總是一頓拷打，一次比一次更狠。打的這些東林黨人，心驚肉跳，再也不敢向欽差訴冤了。後來，皇帝派來的真欽差到了監獄，那些早被打怕的囚犯，已經不再相信什麼欽差，更不敢向欽差喊冤。於是，欽差回覆皇帝，獄中無人喊冤。

可以想見，東廠西廠的太監們的這一招「誅心」，雖然沒有殺人，卻比殺人更加可怕。

【原文】

征國易，征心難焉。

【譯文】

有時候，征服一個國家很容易，但是征服人心卻很困難。

【原文釋評】

人類歷史上，用暴力佔領一個國家的例子有很多，但是徹底改變其民族的信仰與思想的例子卻很少。事實上，毀滅一個人的肉體很容易，但是毀滅一個人的靈魂卻很難。人心難料，更難駕馭，即使某人跪在你的腳下，你也很難判斷他的靈魂是否真正向你臣服。所以，最偉大的征服者，不是殺人如麻的暴君，而是四海歸心的聖者。

【案例解析】

蒙古帝國的氣數

根據歷史學家表示，蒙古人是世界上最勇猛善戰的民族。十三世紀，在蒙古鐵騎的踐踏之下，整個世界都為之震動，強大的蒙古軍隊，佔領大半個世界，征服包括宋朝在內多個國家與民族，當時的蒙古勢力，跨越之大，絕無僅有。從蒙古草原出發，南到印度，西到中東與歐洲，甚至連今天的莫斯科都是蒙古金帳汗國的領地。

然而，這樣的一個不可一世的強大帝國，卻只存在幾十年的時間，然後就迅速瓦解，再鋒利的斬馬刀也未能挽救它的命運。歷史學者們分析，蒙古帝國之所以如此快速的退出歷史舞台，關鍵是沒有從根源上征服所佔領地的文化。蒙古部族當時完全憑藉武力征服其他民族，但是在文化上，蒙古部族不先進和發達，騎在馬背上的將軍們，基本上沒有對佔領區域進行治理和整頓的能力，當地的民眾反抗鬥爭風起雲湧，使得蒙古人很快喪失對該地的控制，又退回草原。當時的中國地區，由漢族人建立起來的明王朝很快代替蒙古人建立的元王朝；中亞地區，伊斯蘭民族也很快建立獨立的政權；歐洲也同樣很快擺脫蒙古人給他們帶來的災難。

所以，暴力進行的征服，只能是短暫的，不能算是真正的征服，只有人心歸順，才能長治久安。

【原文】

不知其恩，無以討之。不知其情，無以降之。

【譯文】

不知道對手承受過的恩澤，就很難找到理由討伐他；不知道對方所需要的感情，就沒有辦法降服他。

【原文釋評】

知己知彼，目的是要掌握較量雙方的真實情況。對於自己，自然要客觀分析，不能避諱弱點。對於敵人，更要注重收集一切相關的情報，從性格特徵到日常習慣，從人生經歷到處事原則，曾經說過什麼話，做過什麼事，甚至包括他的家人與朋友的情況，都有助於我們瞭解自己的對手。只有瞭解對方，才能知道他的下一步將會如何走，進而掌握主動，左右局勢的走向。

所以，首先把敵人當成朋友一樣，去瞭解他，分析他，和他交心，找出他內心深處的秘密，才能一擊而中，完成誅心。比如，他以前承受過某人施與的恩情，如果他沒有償還人情，或是忘恩負義，你便可以利用這樣的情報，大肆宣揚，以其不仁不義而討伐他；如果他因為恩情而一直感激在心，你也可以利用他感恩的心理加以拉攏或利用，以此來降服與克制他。

總之，每個人都有心理與性格上的弱點，這是他們最致命的死角，發現它，利用它，才能有效的誅心！

【案例解析】

司馬懿的感歎

蜀漢丞相諸葛亮，一心為完成先帝劉備的夙願，六出祁山，北伐中原，希望在有生之年幫助蜀漢重新統一全國。可是，諸葛亮北伐遇到的最大障礙就是魏國大將司馬懿和他率領的軍隊。

諸葛亮一直被中國人看成智慧的化身，在軍事上頗有造詣，一生戎馬，戰績輝煌，然而為什麼攻不破司馬懿的防線呢？其實，究其雙方的智慧與能力，諸葛亮應在司馬懿之上，這一點連司馬懿自己也這麼認為。可是，戰爭講究的是綜合因素，司馬懿明知自己作戰能力不如諸葛亮，所以便據險而守，不與蜀軍正面衝突，而蜀道艱險，蜀軍的糧草運送十分困難，經不起久拖，因此司馬懿每以此招吃定對手。

諸葛亮無奈之下，派人送了一套女人衣服給司馬懿，侮辱他像女人一樣畏縮，希望激他出戰。可是司馬懿對諸葛亮十分瞭解，更看穿諸葛亮的心思。他欣然收下禮物，還向來使詢問諸葛亮的起居。當得知諸葛亮「日少食，夜難寢」時，便料定諸葛亮「活不久矣」。

司馬懿在能力上比不過諸葛亮，卻可以克制對方，關鍵是他瞭解自己的對手。首先他尊重自己的敵人，承認自己的差距，做到知己知彼，不會貿然與諸葛亮交戰；其次，他深知諸葛亮智慧超凡，擅用計謀，這次卻使用如此粗淺坦白的一招激將法，實在表現出諸葛亮的無奈與焦急，這就更堅定司馬懿死守不出的決心；第三，司馬懿對諸葛亮的生活一直關注，從寥寥數語之中，便已然猜到諸葛亮即將油盡燈枯，司馬懿實在是一個可敬又可怕的對手。

司馬懿每每想起諸葛亮，總感歎：「我不如諸葛孔明」。其實，當一個人總提醒自己不如自己的對手之時，他很難吃虧。另外可見，司馬懿對諸葛亮的欣賞與理解，他知道諸葛亮深受劉備的知遇之恩，報恩心切的心態，才不顧健康與國力情況，一意北伐，這正是諸葛亮最致命的心理弱點。知其恩、知其情、知其人，司馬懿便是以此掌握戰局的主動。

【原文】

其欲弗逞，其人殆矣。

【譯文】

某人的欲望如果不能得到滿足，他就會變得懈怠。

【原文釋評】

欲望產生目標，同時也是人們奮鬥的動力。有的人為事業而努力，有的人為愛情而奮鬥，有的人希望獲得榮譽與稱讚，有的人醉心於權力與高位，還有的人渴望得到金錢與美女。總之，無論人們有什麼目標，實際上都是追求欲望的滿足。一旦欲望無法得到滿足，希望破滅，自然就會失去鬥志與動力，再無奮鬥的理由。

所以，用人就須先知人，瞭解他的欲望，給他想要的東西；如果是誅心，就應該瓦解他的欲望，進而打破對方的希望，致使他萬念俱灰，則可不攻自破！

【案例解析】

四面楚歌

楚漢相爭的最後階段，項羽的十萬楚軍被劉邦的漢軍合圍在垓下。但是楚軍一向英勇善戰，擁有很強的戰鬥力，而且人數眾多，所以漢軍儘管佔據優勢，卻也一時難以殲擊。

正在劉邦一籌莫展之時，手下的謀士張良，卻想出一條「四面楚歌」之計。張良獻計之時說：「楚人一向熱愛自己的故鄉，有很深的鄉土情感，連項羽本人也說過『富貴不還鄉，如錦衣夜行』。因此，當前楚軍將士們之所以拼死抵抗，是因為他們想活著回到自己的故土，如果一旦讓他們得知故土已喪，則希望破滅，萬念俱灰，自然也沒有鬥志了。」

劉邦採納張良的計策，命令軍士們在楚營外高唱楚歌。項羽的將士們聽到楚歌，以為現在有許多的楚人在漢軍營中，進而猜測楚地已經被漢軍佔領，皆悲痛欲絕，精神支柱頓時崩塌，戰鬥意識大為削弱。項羽見軍隊士氣消沉，心知大勢已去，於是連夜逃走，後來被漢軍追擊，自刎在烏江岸邊。

【原文】

敵強不可言強，避其強也。敵弱不可言弱，攻其弱也。

【譯文】

當敵人強盛時，我們不可自命不凡，應該暫避其鋒芒；當敵人勢弱時，我們不可妄自菲薄，應該趁機出擊。

【原文釋評】

兵者，詭道也。強弱互換，相互傾軋，本來就充滿許多變數。所以，優秀的鬥爭藝術家，善於審時度勢，避重就輕，控制局勢的發展，敵人鋒頭正勁之時，不能貿然與之爭鋒，要有隱忍的定力與耐力；當敵人身陷困境之時，我們則一定要抓住機會，全力一擊，不能縮手縮腳，畏而不前，所謂機不可失，失不再來，一旦對手重新振作，那就大事不妙了。

其實鬥爭之法，適用於各行各業，商場競爭、人際交往，又何嘗不是如此？聰明的人，必須瞭解力量的相比，把握時機，何時該忍耐，何時該出手，都了然於胸。

【案例解析】

輪胎市場爭奪戰

曾經是美國最著名的輪胎公司火石公司，一度雄霸美國輪胎市場七十餘年，擁有穩固的客戶關係，在經營戰略和運作模式上已經形成一整套成熟的體系，可謂顯赫一時，無人敢與之相爭。另一家世界知名的輪胎公司米其林公司，在此情況之下，自知無法與火石公司一爭美國市場，於是轉移重點，把主要經營目標定在歐洲市場，並且在幾年內獲得十分傲人的成績，旗下的子午線輪胎更是佔據歐洲的主要市場。慢慢的，米其林公司具備搶回美國市場的條件。

此時的火石公司，經過七十年的養尊處優，已經漸漸顯露出疲態，所生產的傳統輪胎從技術到品質，都不如子午線輪胎。於是，米其林便利用這個優勢，在廣告上做針對性的宣傳，致使子午線輪胎很快就搶奪美國市場很大的佔有率。火石公司卻因為過分執著於傳統技術，沒有及時轉型和關閉那些生產傳統輪胎的公司，面對米其林公司的攻勢變得束手無策。

成功登陸美國市場以後，米其林公司更是窮追猛打，不給對手絲毫喘息的機會。到了一九七九年，火石公司內部衝突日趨尖銳，並且造成分裂，生產能力降低一半，已經無力對抗米其林的步步緊逼，終於在苟延幾年之後，被一家日本公司收購，徹底退出歷史舞台。

戰勝對手，攻心為上

度心、攻心、誅心，這一系列的手段，都是圍繞對方的心理發動的攻勢，以求攻陷對方的精神防線。無論是對自己的夥伴，還是對自己的敵人，瞭解他們的所思所想，抓住他們性格的特點，都有助於我們制定用人或對敵的計畫，這也符合自古以來「攻心為上」的策略。

【原文】

不吝虛位，人自拘也。

【譯文】

不要吝嗇徒有虛名的高位，把它賞給某人，就可以很自然地拘束他。

【原文釋評】

聰明人都知道：某些位置，看似高高在上，無比風光，其實卻是一種負擔和枷鎖。正如玉帝賜封孫悟空為齊天大聖一樣，毫無實權可言，只是用來拘管的一個閒職。

這樣的位置一旦坐在上面，就會左右為難，不上不下，尷尬萬分。與其說是升遷，不如說是拘役。這種徒有虛名的位置，對於那些熱愛權力與官位的人來說，彷彿是釣魚時的誘餌，可以輕鬆的請君入甕。可是，偏偏有些人，就是喜歡這樣的位置！因為它有高高在上的榮耀，是一副黃金製成的鎖鏈，為此他不惜成為黃金鎖下的奴隸。

天下人沉迷於名利，可以不顧一切，常言「人為財死，鳥為食亡」，正是此理。所以，巧妙地利用名利與高位，不知可以玩弄多少人於股掌之間。

【原文】

行偽於讖，謀大有名焉。

【譯文】

假借占卜應驗，行為就有充分的理由，即使實施很大的圖謀也師出有名。

【原文釋評】

「讖」的含義是占卜時預言即將應驗的事情。儘管現在看來，似乎沒有多少人會聲稱自己相信占卜這樣的巫術。然而，人們對神秘的事物總是充滿敬畏，那些玄奧的「迷信」，依然會時常左右人們的心理。利用人們這種心理，為自己的行為找到理由，鋪設道路。大多數的人都願意相信的預言，即使是迷信，也具有不可忽視的號召力，你如果能順應這樣的思潮，打出這樣的旗號，你的圖謀就可以隱藏在這樣的人們都相信的預言之中，順利地進行。

【案例解析】

膜拜上帝的太平天國

清朝末年（一八五一年），以洪秀全為首的拜上帝會發動聲勢浩大的「太平天國」農民起義。太平天國，以基督上帝為信仰，宣揚「天下男子，皆是兄弟；天下女子，皆是姊妹」、「世人都是上帝的孩子」，並要在中國建立一個「有田同耕，有飯同食，有衣同穿，有錢同使，無處不均勻，無人不飽暖。」的理想社會。

儘管當時的大多數中國人對基督教不瞭解，但是卻對上帝這樣的神靈還是充滿敬畏與期望。由於生活的艱難，他們寧願相信新的政權會帶來相對美好的生活。在貧苦中國人的心中，改朝換代，是順應天道的行為，況且現在又有神明的護佑和指引，而且領導人洪秀全還被稱為是上帝的幼子，於是大家都相信，這次的起義，在神的幫助之下，一定可以成功！

這種思想讓太平天國獲得許多人的支持，起義迅速蔓延到中國南方各省，人們紛紛加入起義隊伍中，規模之大，參與人數之多，涉及區域之廣，超過中國歷史上的任何一次起義，給搖搖欲墜的清王朝以沉重的一擊。

儘管洪秀全沒有真正履行他的諾言，所建立的王朝也並非大同平等的天國，但是他利用宗教的感召，發動這場轟轟烈烈的農民運動，這也許就是「迷信」的力量。

【原文】

指忠為奸，害人無忌哉。

【譯文】

把忠良之士指責為奸佞小人，以此迫害他！這樣去做的時候，不必有忌諱和顧慮。

【原文釋評】

較量，有時殘酷的會達到你死我活的地步！生與死，在於一線之間，此時的你，只能贏不能輸。如果在較量中，有一絲的猶豫與顧慮，都可能導致你犯下致命的錯誤。

為求自保，人們會不擇手段。既然對方已經是敵人，勢同水火，就難求萬全之策，也絕無手下留情之理。即使對方不是奸凶之徒，甚至可能是忠良之士，那也只能怪「既生瑜，何生亮！」

當然，鬥爭之中，你必須記住一條不變的原則：你才是正義的一方！而且你還要設法讓所有的人也這樣認為。此外，你要做的另一件事，就是設法把你的敵人置於奸邪的惡名之中，讓他受千夫所指，身敗名裂，眾叛親離！這是如此狠毒的一招，以至於李義府甚至會擔心，你不忍下手，這才加上「害人無忌」的告誡：既然要害人，就不要忌諱太多，因為對敵人仁慈，即是對自己殘忍。

【案例解析】

千刀萬剮下的冤魂

明末最傑出的軍事家、薊遼督師袁崇煥，雖然是進士出身，但是卻擁有極為高超的軍事指揮能力。他主持修軍事重鎮寧遠城，力守遼東，抵抗女真後金政權的南侵。從後金到清，從努爾哈赤到皇太極，滿族八旗軍的鐵蹄一直無法攻破袁崇煥構築的銅牆鐵壁，層層相連的城關，成為滿清難以跨越的防線。

努爾哈赤曾舉傾巢之力，強攻寧遠。就是在這次寧遠守衛戰之中，袁崇煥的大炮擊傷努爾哈赤，致使努爾哈赤不久便不治而亡。

然而，這樣一位傑出而忠心耿耿的將領，卻最後慘死於明朝自己人的手裡。他被押往鬧市，當眾活剮，千刀萬剮之後，割下來的肉又被明朝的老百姓紛紛搶食！這是中國歷史上最驚心動魄的一幕！原因是，當時明朝幾乎所有的人，都相信他是一個賣國賊。直到清朝乾隆在位時，才將那個隱匿一百多年的秘密公諸於世，為袁崇煥還了一個清白。

當初，皇太極無法從正面擊敗袁崇煥，於是想到一條反間計，在圍攻北京時抓住一個太監，並安排一場袁崇煥的秘使偷偷會晤皇太極的假戲，讓那個太監看到袁崇煥「通敵賣國」的一幕。之後，又故意讓他逃掉。逃回明宮的太監，立即向明皇崇禎皇帝報告這個情況。愚昧的崇禎在大怒之下，收押正在北京城外作戰的袁崇煥，不久之後，昭告天下，袁崇煥通敵悖主，處以凌遲之刑！大明朝自毀長城，最終再難找出像袁崇煥這樣的良將來抵抗滿族八旗的騎兵。

指忠為奸，殺敵於無形。皇太極沒有費一兵一卒，便除掉心腹大患，而一代名將袁崇煥忠心報國，卻背負賣國的罪名冤死，實在令人扼腕不已。

後記

古往今來，世事變幻。從戰場到官場，從商場到情場，處處都潛藏無數玄機與奧秘。那些在人生舞台上大放異彩的人物，往往都是能洞察事理、精通世故、善於人際交往的高手。他們運用高超的智謀與靈活的手段，在芸芸眾生之中左右逢源，彷彿可以集合所有人的動力，匯聚所有人的智慧，來為他完成那些對於常人而言遙不可及的夢想。也許這聽起來彷彿是天方夜譚，但是他們卻是真實存在的！而且，在創造出偉大成就以前，他們也和我們一樣，是普通而平凡的人。所以，只要掌握方法，抓住機遇，我們一樣可以完成自己的夢想。

其實，仔細關注古今中外那些成就大事的人物，就會發現他們成就事業的過程雖然各不相同，但是他們在素質上卻都有一個共同的特點，那就是：他們總能敏銳察覺有用的資訊，並充分利用一切有利於他們因素。簡言之，他們都具有超凡的資訊捕捉力與判斷力。

對於大多數在職場中奮鬥的人來說，成就夢想最為困難的事情，往往不是工作本身，而是社會交往中人與人之間錯綜複雜的制衡與博弈。這些關係涉及到家庭、企業、社會，人物也包括家人、主管、同事、下屬、對手、朋友等，所有這些因素都可能對你的工作和生活帶來難以預料的改變。想要做到八面玲瓏，絕非易事。所以，在人際交往與工作生活之中，你必須學會該怎樣與人交流，從交流中認識他們、瞭解他們，揣測他們的思想與心理，熟悉他們的愛好與習慣，並且學會駕馭他們，這才可能輕鬆制勝、料事於先，進而控制局勢，從容應付各種挑戰。

如何能像那些成功人士一樣，具備敏銳的洞察力，巧妙獲取有價值的資訊，並且在一些關鍵問題上，把握正確的原則，則必須經過認真學習和思考以後，才真正掌握的生活本領。

由於編者水準及其他條件所限，本書尚有一些不完善之處，請讀者批評指正。只希望本書能拋磚引玉，給讀者朋友帶來一些有益的啟示，為你生活的幸福與事業輝煌，提供盡可能大的幫助。

汲古閣 27

度心術

權與謀的極致

企劃執行　海鷹文化
作者　李義府
編譯　甘泉
美術構成　騾賴耙工作室
封面設計　九角文化/設計
發行人　羅清維
企劃執行　張緯倫、林義傑
責任行政　陳淑貞

出版者　海鴿文化出版圖書有限公司
出版登記　行政院新聞局局版北市業字第780號
發行部　台北市信義區林口街54-4號1樓
電話　02-2727-3008
傳真　02-2727-0603
E-mail　seadove.book@msa.hinet.net

總經銷　知遠文化事業有限公司
地址　新北市深坑區北深路三段155巷25號5樓
電話　02-2664-8800
傳真　02-2664-8801

香港總經銷　和平圖書有限公司
地址　香港柴灣嘉業街12號百樂門大廈17樓
電話　（852）2804-6687
傳真　（852）2804-6409

CVS總代理　美璟文化有限公司
電話　02-2723-9968
E-mail　net@uth.com.tw

出版日期　2025年08月01日　四版一刷
定價　350元
郵政劃撥　18989626　戶名：海鴿文化出版圖書有限公司

國家圖書館出版品預行編目（CIP）資料

度心術【權與謀的極致】／李義府作；甘泉編譯.
-- 四版. -- 臺北市：海鴿文化，2025.08
面；公分. --（汲古閣；27）
ISBN 978-986-392-570-5（平裝）

1. 人事管理　2. 謀略

494.3　　114008971

SeaEagle

SeaEagle